ラマヌジャングラフへの招待
─群・環・体からラマヌジャングラフへ─

仁平 政一
Nihei Masakazu

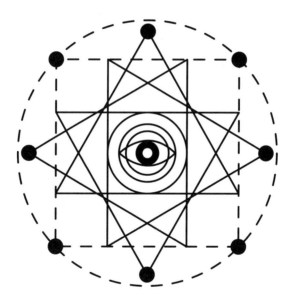

プレアデス出版

まえがき

　女神のお告げとして証明なしに数々の公式を生み出したインド人の天才数学者ラマヌジャン (シュリニヴァーサ・アイヤンガー・ラマヌジャン (Srinivasa Aiyangar Ramanujan), 1887 − 1920) という名前は，2016 年に公開された伝記映画『奇蹟がくれた数式』などを通して知っている方が多くいるのではないでしょうか．

　実はグラフ理論の世界においてもラマヌジャンの名を冠したグラフがあります．

　ラマヌジャングラフは，グラフをネットワークとして見たときに，最良のものを与えるグラフの 1 つであることが知られています．また，数論，群論，幾何などの純粋数学の分野でもその重要性が認識されつつあります．特に，幾何に関してはラマヌジャングラフが「ゼータ関数に関するリーマン予想の幾何学的類似に関係する」ことが知られています．

　ラマヌジャングラフを構成する仕方には「有限体を用いる方法」や「4 元数・線形群を用いる方法」などがあります．

　本書では，主に「有限体を用いる方法」についての話になりますが，後者についても最後で簡単にふれることにします．

　グラフの概念およびその固有値，さらに有限体に関する知識があれば，すぐにラマヌジャングラフの定義とその構成の方法の話に持ち込むことができますが，それではグラフ理論と抽象代数学などを学んだ一部の人達に限られてしまう恐れがあります．

　そこで，できるだけ多くの方々にラマヌジャングラフを知ってもらうことが本書の目的なのです．

　そのために，グラフの概念についてはもちろんのこと，群・環・体についても，それらについて初めて学ぶ方々にも分るように基本から丁寧に解説し，その後にラマヌジャングラフへと話を進めます．

　また，4 元数・線形群などを用いてラマヌジャングラフを構成する方法に対しても，そこで必要とする「4 元数」「一般線形群・特殊線形群・射影特殊線形群」などについても予備知識なしで済むように，詳しく解説します．

　ところで"ラマヌジャングラフとは，どのような理由でラマヌジャンという名前が付けられたか"そして"誰がその名を付けたのか"は本文の中での話になります．

　本書を通して多くの方々がラマヌジャングラフについて知っていただき，それを無限に構成できるという醍醐味を味わっていただければ著者の望外の喜びです．

まえがき

　本書の出版にあたり，ご尽力をいただいたプレアデス出版の麻畑　仁氏ならびに原稿のミスの訂正などで大変お世話になりました組版担当の富岡竜太氏に心からお礼申しあげます．

2019 年 (令和元年)　10 月吉日

仁平政一

目次

まえがき ... i

第1章　グラフの基礎概念と固有値 ... 1
- 1.1　グラフの定義とグラフの例 ... 1
- 1.2　隣接行列 ... 8
- 1.3　グラフの固有値 ... 11
- 1.4　グラフの固有値の性質 ... 13
- 1.5　ラマヌジャングラフとは ... 18

第2章　群論の基礎 ... 23
- 2.1　群とは ... 23
- 2.2　群のいろいろな具体例 ... 27
- 2.3　群の基本性質 ... 29
- 2.4　部分群の定義 ... 35
- 2.5　巡回群とその生成元 ... 39
- 2.6　置換と対称群 ... 43
- 2.7　巡回置換，互換，偶置換・奇置換 ... 46
- 2.8　類別 ... 49
- 2.9　同値関係と類別 ... 50
- 2.10　部分群の剰余類 ... 53
- 2.11　共役類，中心化群，正規部分群 ... 61
- 2.12　共役な部分群 ... 67
- 2.13　剰余群 ... 69
- 2.14　交換子群，可解群 ... 72
- 2.15　群の準同型写像 ... 78
- 2.16　群の同型写像 ... 81
- 2.17　群の準同型定理 ... 82
- 2.18　群の同型定理 ... 86

第3章　環とイデアル，体 ... 91

3.1	環・体の定義と環の準同型写像	91
3.2	整域とは	94
3.3	多項式環と多項式の割り算	95
3.4	環のイデアル	99
3.5	多項式環のイデアル	105
3.6	環の準同型定理	110
3.7	体の拡大	114
3.8	有限体	120
3.9	原始元と原始多項式	123

第4章 ラマヌジャングラフの構成　127

4.1	ケーリーグラフと差グラフ	127
4.2	有限体による差グラフの構成法	131
4.3	指標と指標群	136
4.4	グラフの点集合上の線形空間	141
4.5	隣接作用素の固有値と固有関数	143
4.6	有限アーベル群の差グラフの固有値	145
4.7	差グラフ $X = X_d(\mathbb{Z}/n\mathbb{Z}, S)$ のスペクトル	149
4.8	差グラフ $X = X_d(F_q, N_r)$ のスペクトル	150
4.9	差グラフがラマヌジャングラフになる条件	152
4.10	原始多項式の判定条件	156

付章 四元数・線形群からラマヌジャングラフの構成へ　161

A.1	4元数とは	161
A.2	線形群	163
A.3	集合 S_p の構成	165
A.4	集合 $S_{p,q}$ の構成	169
A.5	グラフ $X^{p,q}$ の構成	173

あとがき　179

索引　181

第1章　グラフの基礎概念と固有値

本章ではグラフの概念とグラフの固有値について丁寧に分かりやすく解説し，最後にラマヌジャングラフの定義を与えます．

1.1　グラフの定義とグラフの例

グラフと言うと，折れ線グラフや放物線のグラフ等を想像することでしょうが，グラフ理論でいうグラフとは，大ざっぱな言い方をすれば，図 1.1 に示してあるような点の集まりと，その点の対を結ぶ辺とからなる図形のことです．

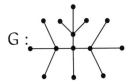
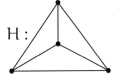

図 1.1

それでは，ここで，グラフの定義をきちんと述べましょう．

グラフ (graph) G とは，集合の対 $(V(G), E(G))$ のことです．ここに，$V(G)$ は空集合でなく，$E(G)$ は $V(G)$ の相異なる 2 つの元の非順序集合のことです．$E(G)$ は空集合でもかまいません．

$V(G)$ をグラフ G の点集合あるいは頂点集合といい，$V(G)$ の元を点あるいは頂点と言います．話を簡単にするために，$V(G)$ は有限集合とします．

また，$E(G)$ を G の辺集合といい，$E(G)$ の元を G の辺と言います．

記述の簡略化を考えて，混乱が生じない場合は $V(G), E(G)$ をそれぞれ V, E で表

します．

例えば，図 1.2 のグラフ G では

$$V(G) = \{v_1, v_2, v_3, v_4, v_5\},$$
$$E(G) = \{\{v_1, v_2\}, \{v_1, v_4\}, \{v_2, v_3\}, \{v_2, v_4\}, \{v_3, v_4\}, \{v_4, v_5\}\}$$

となります．

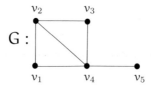

図 1.2

図 1.2 のグラフ G の点に v_1 等と名前が付けられていますが，このようにグラフの点に付けられた名前を，その点の**ラベル**と呼ぶことにします．

グラフ G の辺 e が $e = \{u, v\}$ のとき，辺 e は 2 点 u, v を**結ぶ**といい，辺 e に対して点 u, v は辺 e の**端点**と言います．さらに，辺 e は端点 u, v に**接続している**と言います．2 点 u, v が辺 e で結ばれているとき，点 u と v は互いに**隣接している**といい，2 辺 e, f が同一の点 u に接続しているとき，辺 e と f は点 u で**隣接している**と言います．今後，$e = \{u, v\}$ を単に $e = uv$ としばしば略記します．

例えば，図 1.2 のグラフ G において，点 v_1 と v_2 は隣接しています．また，$e_1 = v_1 v_2$，$e_2 = v_2 v_3$ とすると，辺 e_1 と e_2 は点 v_2 で隣接しています．

〈注〉 相異なる 2 点を結ぶ 2 本以上の辺を**多重辺**といい，同一の点を結ぶ辺を**ループ**と言います．上記のグラフの定義では，多重辺やループは許しませんが，このような辺を許すと便利な場合があります．

多重辺やループを持つグラフは**多重グラフ** (multigraph) あるいは**擬グラフ** (pseudograph) と呼ばれています (図 1.3 参照)．

1.1 グラフの定義とグラフの例

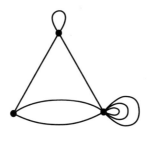

図 1.3

これに対して，多重辺もループも持たないグラフは**単純グラフ**と呼ばれています．通常，グラフと言えば単純グラフを意味しますが，用語は必ずしも統一されていませんのでグラフ理論等の本を読まれるときには定義に注意して下さい．

グラフ G の点集合の要素の個数を，G の**位数**，辺の本数を G の**サイズ**と言います．集合 X の要素の個数を $|X|$ で表すならば，$|V(G)|$ が位数で，$|E(G)|$ がサイズです．
　例えば，図 1.2 のグラフ G では，$|V(G)| = 5$, $|E(G)| = 6$ です．
　位数 p，サイズ q のグラフを (p, q)-**グラフ**，辺がひとつもないグラフを**空グラフ**，1 点のみのグラフを**単点**あるいは**単点グラフ**と言います．
　グラフ G の点 v に接続する G の辺の本数を v の**次数 (degree)** といい，$d_G(v)$ で表します．混乱が生じなければ単に $d(v)$ で表します．
　各点の次数がすべて等しいグラフを**正則グラフ**といい，各点の次数が k の正則グラフを **k-正則グラフ**と言います．例えば，図 1.1 のグラフ H は 3-正則グラフです．ここで，今後必要とする代表的なグラフの例をあげておきましょう．

(1) 完全グラフ

位数 p のグラフで，そのどの 2 点も隣接しているとき，これを位数 p の**完全グラフ (complete graph)** といい，K_p で表します (図 1.4 参照)．

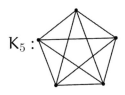

図 1.4

$p=1$ のときは単点グラフです．K_p は $(p-1)$-正則グラフで，サイズは $p(p-1)/2$ です．

(2) 完全 2 部グラフ，星グラフ

グラフ G は，その点集合を 2 つの部分集合 V_1，V_2 に分割し，G のどの辺も V_1 内の点と V_2 内の点を結ぶようにできるとき，**2 部グラフ (bipartite graph)** と呼ばれており，V の部分集合 V_1，V_2 をそれぞれ G の**部集合**と言います．

特に，V_1 の各点が V_2 の各点のすべての点と辺で結ばれている 2 部グラフを**完全 2 部グラフ**といい，$K_{m,n}$ あるいは $K(m,n)$ で表します．完全 2 部グラフ $K_{m,n}$ のサイズは mn です．なお，完全 2 部グラフ $K_{1,n}$ は**星グラフ (star graph)** と呼ばれています (図 1.5 参照)．

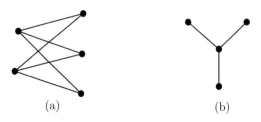

図 1.5: 完全 2 部グラフ $K_{2,3}$ と星グラフ $K_{1,3}$

1.1 グラフの定義とグラフの例

(3) 歩道，道，閉路

グラフ G の**歩道 (walk)** とは，G 内の空でない点と辺が交互に現れる有限列

$$W = v_1 e_1 v_2 e_2 \cdots e_k v_{k+1}$$

のことで，W の項 $e_i (1 \leq i \leq k)$ は点 v_i と v_{i+1} を端点として持つ辺です．この際，同じ点や同じ辺が何回現れてもかまいません．

点 v_1, v_{k+1} をそれぞれこの歩道 W の**始点**，**終点**と呼び，始点と終点が一致するとき，すなわち，$v_1 = v_{k+1}$ のとき，W は**閉じている**と言います．

すべての点が異なる歩道を**道 (path)** といい，閉じている道は**閉路**あるいは**サイクル (cycle)** と呼ばれています．歩道，道，閉路の辺の個数は，それぞれそれらの**長さ**といい，長さ 3 の閉路はしばしば **3 角形**と呼ばれています．

図 1.6 のグラフ G で

$$W_1 = v_1 e_1 v_2 e_8 v_3 e_5 v_5 e_4 v_2 e_3 v_4 e_6 v_6$$

は長さ 6 の歩道で道ではありません．

$$W_2 = v_1 e_2 v_3 e_5 v_5 e_7 v_6$$

は長さ 3 の道です．

$$W_3 = v_1 e_2 v_3 e_8 v_2 e_1 v_1$$

は長さ 3 の閉路です．

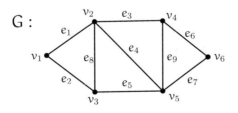

図 1.6

上記の定義に合わせて，点集合 $\{v_1, v_2, \ldots, v_n\}$ と辺集合 $\{v_i, v_{i+1}\}$ ($i = 1, 2, \ldots, n-1$) からなるグラフを**道グラフ**あるいは**道**といい，P_n ($n \geq 1$) で表します．また，P_n

に辺 $\{v_n, v_1\}$ を加えたグラフを**閉路グラフ**あるいは単に**閉路**(または**サイクル**)といい C_n ($n \geqq 3$) で表します (図 1.7 参照).

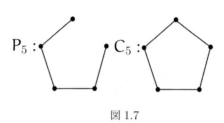

図 1.7

グラフ G 内の 2 点 u, v に対して,G 内に u–v 道が存在するとき,u, v は**連結している**といい,G 内のどの 2 点も連結しているとき,G は**連結である**,あるいは**連結グラフである**と言います.単点グラフは連結であると約束します.

連結でないグラフを**非連結である**,あるいは**非連結グラフ**と言います.非連結グラフは,図 1.8 のグラフ H からわかるように,連結グラフの集まりとみなすことができます.

非連結グラフを構成している各連結グラフを,そのグラフの**連結成分**あるいは**成分**と言います.

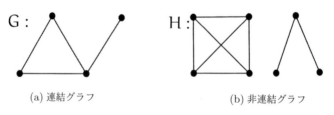

(a) 連結グラフ　　　　　　　(b) 非連結グラフ

図 1.8

閉路を含まない連結なグラフを**木 (tree)** と言います.図 1.1 のグラフ G は木の一種で,星グラフもそうです.

(4) 有向グラフ

これまでは，向きを持たないグラフの場合について考えてきましたが，ここでは，図 1.9 に示されているような向きをもつグラフの話をします．

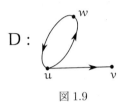

図 1.9

有向グラフ (**directed graph**)D(またはダイグラフ (**digraph**)D) とは，集合 (V(D), A(D)) で，V(D) は点または頂点と呼ばれる元の空でない有限集合です．A(D) は V(D) の相異なる元の順序対の集合です．

A(D) の元を弧 (**arc**) と呼びます．弧 $e = (u, v)$ のとき，弧の 2 つの順序を通常 u から v への矢印で示し，u から v への**向き**を持つと言います．また，このとき，点 u を**始点**，点 v を**終点**と言います．例えば

$$V(D) = \{u, v, w\}, \quad A(D) = \{(u, v), (u, w), (w, u)\}$$

とすると，図 1.9 で示されているような有向グラフになります．また，(u, v) は弧ですが (v, u) は弧でないことに注意して下さい．

上記の有向グラフの定義からは，向きを持つループや，同じ向きを持つ多重辺 (図 1.10 参照) は生じませんが，それらを許すと便利な場合があります．

そのような場合は，その都度，例えば，ループを持つ有向グラフなどと，断わることにします．

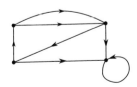

図 1.10: 多重辺とループを持つ有向グラフ

グラフの定義や術語の話はこの位にして，隣接行列やグラフの固有値の話に移りましょう．

1.2 隣接行列

グラフは行列の形で表現できます．ある意味では行列論の一分野とみなすことができます．では，隣接行列の定義から話を始めましょう．

G は位数 p のグラフで，$V(G) = \{v_1, v_2, \ldots, v_p\}$ とします．このとき，G の**隣接行列** $A(G) = (a_{ij})$ とは，その成分 a_{ij} が

$$a_{ij} = \begin{cases} 1 & (v_i v_j \in E(G)) \\ 0 & (v_i v_j \notin E(G)) \end{cases}$$

で定められる $p \times p$ 行列のことです．

混乱の恐れがないときは $A(G)$ を単に A で表します．行列 A は次の性質を持ちます．

(1) A は各成分が 0 か 1 の対称行列
(2) 主対角線の成分はすべて 0
(3) 第 i 行 (列) の成分の和は点 v_i の次数に等しい

ここで，例をあげておきましょう．

例 1.1.

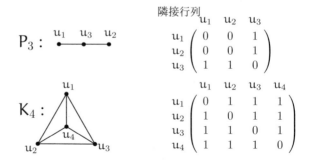

1.2 隣接行列

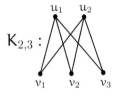
$$K_{2,3}: \quad \begin{array}{c} \\ \end{array} \quad \begin{array}{c} \\ u_1 \\ u_2 \\ v_3 \\ v_4 \\ v_5 \end{array} \begin{pmatrix} u_1 & u_2 & v_3 & v_4 & v_5 \\ 0 & 0 & 1 & 1 & 1 \\ 0 & 0 & 1 & 1 & 1 \\ 1 & 1 & 0 & 0 & 0 \\ 1 & 1 & 0 & 0 & 0 \\ 1 & 1 & 0 & 0 & 0 \end{pmatrix}$$

図 1.11

　逆に，上記の (1), (2), (3) の条件を満たしていれば，それを隣接行列とするグラフを描くことができます．

　隣接行列 A を n 乗することは何を意味するのでしょうか．

　例 1.1 の完全グラフ K_4 の隣接行列 A を 2 乗すると次のようになります．

$$A^2 = \begin{pmatrix} 3 & 2 & 2 & 2 \\ 2 & 3 & 2 & 2 \\ 2 & 2 & 3 & 2 \\ 2 & 2 & 2 & 3 \end{pmatrix}$$

　この A^2 の成分の意味について考えてみましょう．そこで，u, v をグラフの点とします．このとき，A の (u, v) 成分を a_{uv} で表し，A^2 の成分を $a^{(2)}{}_{uv}$ で表すことにします．また，u, v 以外の点を w とします．

　A の定義から $a_{uw}a_{wv}$ は 1 か 0 で，1 となるのは $uw \in E$ かつ $wv \in E$ のときです．

　$A^2 = A \cdot A$ ですから

$$a^{(2)}{}_{uv} = \sum_{w=1}^{4} a_{uw}a_{wv} = |\{w | uw \in E \text{ かつ } wv \in E\}|$$

となります．

　このことは，A^2 の (u, v) 成分は，$uw \in E$ かつ $wv \in E$ となるグラフの点 w の数に等しいことを意味しています．

　このことを利用して，A^2 の $(1, 1)$ 成分を求めてみましょう．上記の条件を満たすのは，図 1.11 のグラフ K_4 の図からわかるように　u_1–u_2–u_1, u_1–u_3–u_1, u_1–u_4–u_1 の 3 通りしかないので，A^2 の $(1, 1)$ 成分は 3 となります．これは，長さが 2 の相異なる u_1–u_1 歩道の個数にほかなりません

A^2 の $(2,4)$ 成分は，同様にして長さ 2 の相異なる u_2–u_4 歩道の個数に一致するはずですから，2 となります．もちろん，これらは A^2 を直接計算した結果と一致しています．

一般には次の定理が成り立つことは，容易に想像がつくでしょう．

定理 1.1. $V(G) = \{v_1, v_2, \ldots, v_p\}$ であるグラフ G の隣接行列を A とする．このとき，A^n $(n \geq 1)$ の (i, j) 成分はグラフ G における長さ n の相異なる v_i–v_j 歩道の個数である．

証明． n に関する数学的帰納法で証明する．長さ 1 の v_i–v_j 歩道が存在することと $v_i v_j \in E$ であることは同値であるから，$n = 1$ のときは明らかに定理は成り立つ．$A^{n-1} = (a_{ij}^{(n-1)})$ とし，$a_{ij}^{(n-1)}$ は G における長さ $n-1$ の v_i–v_j 歩道の個数と仮定する．いま，$A^n = (a_{ij}^{(n)})$ とする．$A^n = A^{n-1} A$ なので

$$a_{ij}^{(n)} = a_{i1}^{(n-1)} a_{1j} + a_{i2}^{(n-1)} a_{2j} + \cdots + a_{ik}^{(n-1)} a_{kj}$$
$$+ \cdots + a_{ip}^{(n-1)} a_{pj} \quad \text{①}$$

が成り立つ．$v_k v_j \in E$ とすると，長さ n の各 v_i–v_j 歩道は長さ $n-1$ の v_i–v_k 歩道に辺 $v_k v_j$ で点 v_j をつないで得られる．したがって，帰納法の仮定と式①から，求める結果が得られる． $\square$

上の定理から，$a_{ii}^{(2)}$ は長さ 2 の v_i–v_i 歩道の個数になりますから，点 v_i の次数に等しくなります．

それでは，$a_{ii}^{(3)}$ は何になるかを調べてみましょう．

例えば，$a_{11}^{(3)}$ は長さ 3 の異なる v_1–v_1 歩道の個数です．もし，仮に，3 点 $\{v_1, v_2, v_3\}$ が 1 つの 3 角形の頂点であるとすると

$$v_1\text{–}v_2\text{–}v_3\text{–}v_1, \qquad v_1\text{–}v_3\text{–}v_2\text{–}v_1$$

という 2 つの歩道があります．よって，$a_{11}^{(3)}$ の値は v_1 を頂点に持つ 3 角形の個数の 2 倍になっています．

1 つの 3 角形は 3 点を持つから $\mathrm{tr}(A^3)$ は 3 角形の個数の 6 倍になることがわかります．

これらのことから，次の系が得られます．

> **系 1.2.** $V(G) = \{v_1, v_2, \ldots, v_p\}$ であるグラフ G の隣接行列を A の n 乗 $A^n = (a_{ij}^{(n)})$ とするとき,次が成り立つ.
> (1) $a_{ij}^{(2)}$ $(i \neq j)$ は長さ 2 の v_i–v_j 道の個数である
> (2) $a_{ii}^{(2)} = d_G(v_i)$
> (3) $\frac{1}{6} \mathrm{tr}(A^3)$ は G の 3 角形の個数である

ここで,系 1.2 の (3) を用いて完全グラフ K_4 の 3 角形の個数を求めてみましょう. A を K_4 の隣接行列とすると

$$A^3 = \begin{pmatrix} 6 & 7 & 7 & 7 \\ 7 & 6 & 7 & 7 \\ 7 & 7 & 6 & 7 \\ 7 & 7 & 7 & 6 \end{pmatrix}$$

ですから,$\frac{1}{6} \mathrm{tr}(A^3) = \frac{1}{6} \times 24 = 4$ となり,4 個であることがわかります.もちろん,この個数は図から直接求められますが,グラフの位数が大きい場合,例えば完全グラフ K_{10} の 3 角形の個数を図から直接求めようとすると,見落としてしまう恐れがあります.

1.3 グラフの固有値

位数 p のグラフ G の**固有値**とは,G の隣接行列の固有値のことです (グラフや隣接行列の定義等に関しては前節を参照して下さい).すなわち,G の隣接行列を A とするとき,G の固有値は,次の λ に関する方程式の p 個の解のことです.

$$\det(\lambda I_p - A) = 0$$

ここに,$\det A$ は行列 A の行列式を意味し,I_p は $p \times p$ 単位行列を意味します.

λ に関する多項式 $\det(\lambda I_p - A)$ は G の**固有多項式**あるいは**特性多項式**といい,$\Phi(G; \lambda)$ で表します.

グラフの異なるラベル付けに対して，互いに相似な隣接行列が得られますから，固有値はラベル付けによらず不変です．隣接行列の定義から

$$\Phi(G;\lambda) = \sum_{k=0}^{p} a_k \lambda^{p-k}$$

と表されているとすると，明らかに $a_0 = 1$ でその他のすべての $a_i\ (1 \leqq i \leqq p)$ は整数です．ここで，具体例をあげておきましょう．

例 1.1 でのグラフ P_3 と K_4 の固有値を，実際に求めてみましょう (図 1.12 参照).

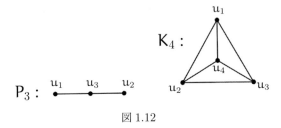

図 1.12

例 1.1 から，それらの隣接行列はそれぞれ

$$\begin{pmatrix} 0 & 0 & 1 \\ 0 & 0 & 1 \\ 1 & 1 & 0 \end{pmatrix} \text{ と } \begin{pmatrix} 0 & 1 & 1 & 1 \\ 1 & 0 & 1 & 1 \\ 1 & 1 & 0 & 1 \\ 1 & 1 & 1 & 0 \end{pmatrix}$$

となります．したがって，P_3 の固有方程式は

$$\Phi(P_3;\lambda) = \begin{vmatrix} \lambda & 0 & -1 \\ 0 & \lambda & -1 \\ -1 & -1 & \lambda \end{vmatrix} = \lambda^3 - 2\lambda$$

となります．また，K_4 については

$$\Phi(K_4;\lambda) = \begin{vmatrix} \lambda & -1 & -1 & -1 \\ -1 & \lambda & -1 & -1 \\ -1 & -1 & \lambda & -1 \\ -1 & -1 & -1 & \lambda \end{vmatrix}$$

となりますから，これを計算することより（例えば，1列に2, 3, 4列を加えて $\lambda-3$ をくくりだし，その後2, 3, 4行から1行を引くことより）

$$\Phi(K_4;\lambda) = (\lambda+1)^3(\lambda-3)$$

が得られます．

したがって，道 P_3 の固有値は $\sqrt{2}$, 0, $-\sqrt{2}$ で，完全グラフ K_4 の固有値は 3, -1(3重解) であることがわかります．

グラフ G の固有値を $\lambda_1, \lambda_2, \ldots, \lambda_k$ ($\lambda_1 > \lambda_2 > \cdots > \lambda_k$) とし，それらの重複度をそれぞれ $m(\lambda_1), m(\lambda_2), \ldots, m(\lambda_k)$ とします．このとき，それを

$$\mathrm{Spec}(G) = \begin{pmatrix} \lambda_1 & \lambda_2 & \cdots & \lambda_k \\ m(\lambda_1) & m(\lambda_2) & \cdots & m(\lambda_k) \end{pmatrix}$$

で表し，G の**スペクトル (spectrum of G)** あるいは**スペクトラム**と言います．例えば，

$$\mathrm{Spec}(P_3) = \begin{pmatrix} \sqrt{2} & 0 & -\sqrt{2} \\ 1 & 1 & 1 \end{pmatrix}, \quad \mathrm{Spec}(K_3) = \begin{pmatrix} 3 & -1 \\ 1 & 3 \end{pmatrix}$$

となります．

グラフの固有値を求めるのにその性質を知っていると便利な場合があります．そこで，次に固有値の性質に関する話をします．

1.4 グラフの固有値の性質

道グラフ P_3 の固有値の和は 0 になっています．完全グラフ K_4 の固有値の和も $3 \times 1 + (-1) \times 3$ からやはり 0 になります．このことは一般にも成り立ちます．

定理 1.3. グラフ G の固有値はすべて実数であり，その和は零である．

証明． グラフ G の隣接行列は対称行列であるから，固有値はすべて実数である．

次に，G の位数を p とし，隣接行列を $A = (a_{ij})$，G の固有値を $\lambda_1, \lambda_2, \ldots, \lambda_p$ とする．このとき，

$$\Phi(G; \lambda) = \det(\lambda I_p - A) = (\lambda - \lambda_1)(\lambda - \lambda_2) \cdots (\lambda - \lambda_p)$$

と書くことができる．ここで，λ^{p-1} の係数を比較すれば

$$a_{11} + a_{22} + \cdots + a_{pp} = \lambda_1 + \lambda_2 + \cdots + \lambda_p$$

を得る．

一方，A の対角成分 a_{ii} はすべて 0 である．よって，固有値の和は 0 となる． □

定理 1.4. (1) 位数 p のグラフ G の隣接行列 A の固有値を $\lambda_1, \lambda_2, \ldots, \lambda_p$ とするならば，A^k の固有値は $\lambda_1^k, \lambda_2^k, \ldots, \lambda_p^k$ である．ここに，k は正の整数とする．

(2) Ψ を多項式とし，λ をグラフ G の隣接行列 A の固有値とするならば，$\Psi(\lambda)$ は $\Psi(A)$ の固有値である．

証明．(1) 行列 A は対称行列であるから

$$U^{-1}AU = \begin{pmatrix} \lambda_1 & & O \\ & \ddots & \\ O & & \lambda_p \end{pmatrix}$$

となるような直交行列 U が存在する．よって，

$$U^{-1}A^k U = \begin{pmatrix} \lambda_1^k & & O \\ & \ddots & \\ O & & \lambda_p^k \end{pmatrix}$$

となる．ここに，O は零行列である．

したがって，$U^{-1}A^k U$ の固有値は $\lambda_1^k, \lambda_2^k, \ldots, \lambda_p^k$ である．ところで，$U^{-1}A^k U$ と A^k の固有値全体の集合は一致するから，A^k の固有値は $\lambda_1^k, \lambda_2^k, \ldots, \lambda_p^k$ である．
(2) λ は A の固有値であるから，$Au = \lambda u$ を満たす $\mathbf{0}$ でないベクトル u が存在する．このとき，

$$A^2 u = AAu = \lambda Au = \lambda^2 u$$

1.4 グラフの固有値の性質

を得る．これを続けることにより，任意の正の整数 m に対して

$$A^m u = \lambda^m u$$

が成り立つ．また，明らかに，任意の実数 c に対して

$$(cA)u = c\lambda u$$

が成り立つ．多項式 Ψ を

$$\Psi(\lambda) = a_0 \lambda^m + a_1 \lambda^{m-1} + \cdots + a_m$$

とおくと

$$\begin{aligned}\Psi(A)u &= a_0 A^m u + a_1 A^{m-1} u + \cdots + a_m u \\ &= a_0 \lambda^m u + a_1 \lambda^{m-1} u + \cdots + a_m u \\ &= \Psi(\lambda) u\end{aligned}$$

となる．これは $\Psi(\lambda)$ が $\Psi(A)$ の固有値であることを示している． □

定理 1.5. G は位数 p のグラフとし，Δ は G の最大次数とする．このとき，G の任意の固有値 λ に対して

$$|\lambda| \leqq \Delta$$

が成り立つ．

証明． $A = (a_{ij})$ は G の隣接行列で，$x = {}^t(x_1\ x_2\ \cdots\ x_p)$ は G の固有値 λ に属する固有ベクトルとする．

ベクトル x の成分のうち，絶対値の最大のものを x_k とおく．ベクトル x は固有値 λ に属する固有ベクトルであるから，そのスカラー倍も λ に属する固有ベクトルである．ゆえに，$x_k = 1$ としても一般性は失われない．

$$Ax = \lambda x$$

から

$$\lambda x_k = a_{k1} x_1 + a_{k2} x_2 + \cdots + a_{kp} x_p$$

を得る．$|x_i| \leq x_k = 1 \ (1 \leq i \leq p)$ から

$$|\lambda| = |\lambda x_k| = \left|\sum_{i=1}^{p} a_{ki} x_i\right| \leq \sum_{i=1}^{p} a_{ki}|x_i| \leq \sum_{i=1}^{p} a_{ki} = d(v_k) \leq \Delta.$$

ゆえに，$|\lambda| \leq \Delta$ が得られる． □

ここで，等号が成り立つのはどのような場合かは興味ある問題です．
実は，連結グラフ G に対しては，次が成り立ちます．

定理 1.6. G は位数 p の連結グラフとし，Δ は G の最大次数とする．このとき，G が正則グラフであるための必要十分条件は，G が Δ を固有値に持つことである．

証明． ベクトル $\mathbf{x} = {}^t(x_1\ x_2\ \cdots\ x_p)$ は固有値 Δ に属する固有ベクトルとする．$\mathbf{x}$ の成分のうち，絶対値の最大ものを x_k とおく．
固有ベクトルのスカラー倍は同じ固有値の固有ベクトルになるから，$x_k = 1$ としても一般性は失われない．
ベクトル $\mathbf{x} = {}^t(x_1\ x_2\ \cdots\ x_p)$ は固有値 Δ に属する固有ベクトルだから，

$$a_{k1}x_1 + a_{k2}x_2 + \cdots a_{kp}x_p = \Delta x_k = \Delta \qquad \text{①}$$

が成り立つ．$|x_i| \leq x_k = 1 \ (1 \leq i \leq p)$ であるから

$$\Delta = \Delta x_k \leq \sum_{i=1}^{p} a_{ki}|x_i| \leq \sum_{i=1}^{p} a_{ki} = d(v_k) \leq \Delta.$$

よって，$d(v_k) = \Delta$ を得る．

次に，$v_k v_m \in E$ とする．このとき，$d(v_k) = \Delta$ であるから，v_k は Δ 個の点と隣接しており，v_m はその中の 1 点である．ゆえに，$|x_i| \leq x_k = 1$ であることと①から，$x_m = x_k = 1$ を得る．よって，$d(v_m) = \Delta$ が得られる．v_m が v_n と隣接していれば $x_n = x_m = 1$ となり，やはり，$d(v_n) = \Delta$ を得ることができる．

以下，順番に続けていけば，G は連結だから，最終的には，すべての i $(1 \leq i \leq p)$ に対して $x_i = 1$ かつ $d(v_i) = \Delta$ となる．したがって，G は Δ-正則グラフである．次に，逆を示そう．

1.4 グラフの固有値の性質

G は Δ-正則グラフとする.いま,$x = {}^t(1,1,\ldots,1)$ とすると,明らかに,$Ax = \Delta x$ となる.したがって,Δ は G の固有値である.これで,証明は完了した. □

この定理から,例えば,完全グラフ K_p は次数 $p-1$ の正則グラフですから,$p-1$ を固有値に持つことがわかります.

グラフの固有値を求める際,知っていると非常に役に立つ定理です.

ここで,後で利用することになる完全グラフ K_p のスペクトルを求めておきましょう.

完全グラフ K_p の固有多項式は

$$\Phi(k_p;\lambda) = \begin{vmatrix} \lambda & -1 & \cdots & -1 \\ -1 & \lambda & \ddots & \vdots \\ \vdots & \ddots & \ddots & -1 \\ -1 & \cdots & -1 & \lambda \end{vmatrix}$$

です.ここで,よく知られている n 次行列式に関する等式

$$\begin{vmatrix} x & a & \cdots & a \\ a & x & \ddots & \vdots \\ \vdots & \ddots & \ddots & a \\ a & \cdots & a & x \end{vmatrix} = (x+(n-1)a)(x-a)^{n-1}$$

を利用すれば,ただちに

$$\mathrm{Spec}(K_p) = \begin{pmatrix} p-1 & -1 \\ 1 & p-1 \end{pmatrix}$$

が得られます.

続いて完全 2 部グラフ $K_{r,s}$,閉路グラフ C_p ($p \geq 3$) や道 P_n のスペクトルの求め方についても述べたいところですが紙面の関係上結果のみを与えることにします.詳細については文献 [1] あるいは [2] を参照して下さい.

$$\mathrm{Spec}(K_{r,s}) = \begin{pmatrix} \sqrt{rs} & 0 & -\sqrt{rs} \\ 1 & r+s-2 & 1 \end{pmatrix},$$

$$\mathrm{Spec}(C_p) = \begin{pmatrix} 2 & 2\cos\frac{2\pi}{p} & \cdots & 2\cos\frac{2(p-1)\pi}{p} \\ 1 & 1 & \cdots & 1 \end{pmatrix},$$

$$\mathrm{Spec}(P_n) = \begin{pmatrix} 2\cos\frac{\pi}{n+1} & 2\cos\frac{2\pi}{n+1} & \cdots & 2\cos\frac{n\pi}{n+1} \\ 1 & 1 & \cdots & 1 \end{pmatrix}.$$

18   第1章 グラフの基礎概念と固有値

本書で必要とする一般的なグラフの固有値に関する話がすんだので,ラマヌジャングラフの定義について述べることができます.

1.5 ラマヌジャングラフとは

グラフ理論の世界ではグラフを表すのに G を用いることが多いので,それに従っていままで G を用いてきましたが,ラマヌジャングラフを表すのに X が用いられています ([3], [5]).それに従いラマヌジャングラフを表すときは X を用いることにします.

グラフ $X = (V, E)$ は連結な k-正則グラフ,その位数は n とします.以下,本節でのグラフはすべて連結とします.

グラフ X は k-正則グラフなので k を固有値にもちます.この固有値をグラフ X の**自明な固有値**と呼び,それ以外の固有値を**非自明な固有値**と呼ぶことにします.

では,ラマヌジャングラフの定義を与えましょう.

グラフ X のすべての非自明な固有値が区間

$$[-2\sqrt{k-1}, 2\sqrt{k-1}] \quad (*)$$

に含まれるとき,グラフ X をラマヌジャングラフと言います.すなわち,$\lambda(X) = \max_{Ax=\lambda x, \lambda \neq k} |\lambda|$ と定めるとき

$$\lambda(X) \leq 2\sqrt{k-1}$$

を満たすグラフがラマヌジャングラフなのです.

例えば,完全グラフ K_p $(p \geq 3)$ のスペクトルは

$$\mathrm{Spec}(K_p) = \begin{pmatrix} p-1 & -1 \\ 1 & p-1 \end{pmatrix}$$

なので,非自明な固有値は -1 のみですから明らかにラマヌジャングラフです.

では,$2\sqrt{k-1}$ という値でのところは,そして誰が条件 (*) を満たすグラフをラマヌジャングラフと命名したのでしょうか.このように思うことはごく自然な疑問でしょう.

証明は省略しますが,次の結果が知られています ([5, p.18]).

1.5 ラマヌジャングラフとは

定理 1.7. X は連結な位数 n の k-正則グラフで，λ_1 を非自明な最大な固有値とするとき，

$$\lim_{n\to\infty} \left(\inf_{|X|\geq n} \lambda_1 \right) \geq 2\sqrt{k-1}$$

が成り立つ．ここに，X は連結な位数 n 以上の k-正則グラフ全体を動き，記号 inf はそのときの下限を意味する．

この定理は，あくまでも $n \to \infty$ としたときの結果なので，n を有限な値で止めて，1 つの位数 n の k-正則グラフを取りだしたとき，当然

$$\lambda_1 \leq 2\sqrt{k-1} \qquad (**)$$

となる場合があります．

そこで，ルボスキ (A.Lubotzky)，フィリップス (R.Phillips) とサルナック (P.Sarnak) 達は条件 (∗∗) を満たす k-正則グラフを文献 ([5]) でラマヌジャングラフと命名しました．

では，なぜラマヌジャンという名前をつけたのでしょうか．

それは，彼らが構成したグラフが実際に条件 (∗) を満たすことを証明するために (正則保型形式のフーリエ係数に関する) ラマヌジャン予想 (1974 年にドゥリーニュ (P.Deligne) によって証明された) の結果を使った事からラマヌジャンの名が冠せられました．

ラマヌジャングラフは無限に構成することができます．その構成方法を述べることが最終目標になります．

位数が小さい 3-正則のラマヌジャングラフは完全グラフ K_4 や図 2.2 のグラフ (a)，(b) などになります．実際の計算は読者に委ねます．

20　　　　　　第 1 章　グラフの基礎概念と固有値

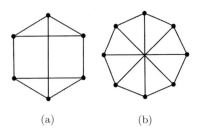

(a)　　　　　　(b)

図 1.13

参考文献

第 1 章の作成にあたり，下記の文献が大いに役にたちました．記して感謝いたします．

[1] 竹中淑子，『線形代数的グラフ理論』，培風館，1989.
[2] 仁平政一・西尾義典，『グラフ理論序説 (改訂版)』，プレアデス出版，2010.
[3] 平松豊一・知念宏司，『有限数学入門　有限上半平面とラマヌジャングラフ』，牧野書店，2003.
[4] 竹中淑子，『数学からの 7 つのトピックス』，培風館，2005.
[5] G.Davidoff, P.Sanak, A.Valette，『Elementary Number Theory, Group Theory, and Ramanujann Graphs』, London Mathematical Society, Student Texts 55, Cambridge University Press, 2010.
[6] A.Lubotzky, R.Phillips and P.Sanak, Ramanujan graphs, Combinatorica 8, 261-277, 1988.
[7] R.J.Wilson，『Introduction to Graph Theory (second edition)』, Longman, London, 1979.
[8] G. Chartrand, L. Lesniak，『Graphs & Digraphs (second edition)』, Wadsworth, Inc., 1986.
[9] R.Diestel，『Graph Theory』, Springer, 1997.
[10] D.Cvetković, P.Rowlinson and S.Simić，『An Introduction to the Theory of Graph Spectra』, Cambridge University Press, 2010.

1.5 ラマヌジャングラフとは

文献に関するコメント：

　洋書についてコメントしておきます．

　[7], [8] はグラフ理論全般について書かれており読みやすい本です．[8] はお薦めです．[9] もグラフ理論全般について書かれている本ですが，一人で読むというよりはゼミ向きの本です．

　[10] はグラフの固有値に関する本として一押です．読み通すというよりは必要に応じて調べる本として最適です．

第 2 章　群論の基礎

「まえがき」で述べたように，本書の最終目標は有限体を用いてラマヌジャングラフを構成することです．

有限体を理解するためには群・環・(一般の) 体の素養が必要になります．そこで，そのスタートとして群に関する基礎的なことがらを，群を初めて学ぶ方にも十分に理解できるように解説します．

2.1　群とは

ここでは，群の定義を与えることが目的ですが，少々抽象的な話になりますので，具体的な話から始めることにします．

$\mathbb{N}, \mathbb{Z}, \mathbb{Q}, \mathbb{R}$ でそれぞれ自然数の集合 $(= \{1, 2, 3, \ldots, n, \ldots\})$，整数の集合，有理数の集合，実数の集合を表わすものとします．

第 1 章ですでに集合に関する用語や記号を知っているものとして使用してきましたが，ここで，念のため集合に関する用語と記号をまとめて説明しておきましょう．

S が 1 つの集合であるとき，S の中に入っている個々のものを集合 S の**元**あるいは**要素**と言います．

a が集合 S の元であることを

$$a \in S \text{ あるいは } S \ni a$$

で表わし，a は S に**属する**とか，S は a を**含む**と言います．また，b が S の元でないことを

$$b \notin S \text{ または } S \not\ni b$$

と表わします．例えば

$$-3 \in \mathbb{Z}, \quad \frac{1}{2} \notin \mathbb{Z}$$

となります.

いま,集合 $\mathbb{Z}$ において加法 (和) を考えてみましょう.$2,3 \in \mathbb{Z}$ に対して

$$2+3 = 5 \in \mathbb{Z} \text{ で}, 2+3 = 3+2$$

となります.また,

$$2+0 = 0+2 = 2 \text{ や } 2+(-2) = 0$$

などが成り立つことは言うまでもないことでしょう.一般に,a, b, c を $\mathbb{Z}$ の任意の元とするとき,明らかに次が言えます.

(1) $a + b \in \mathbb{Z}$
(2) $(a+b)+c = a+(b+c)$
(3) $a+0 = 0+a = a$
(4) $a+(-a) = (-a)+a = 0$

次に $\mathbb{R}^* = \mathbb{R} - \{0\}$ とします.すなわち,$\mathbb{R}^*$ は実数全体の集合から 0 を除いたものです.

$\mathbb{R}^*$ において,乗法 (積) を考えます.$\mathbb{R}^*$ の 2 つの元 a, b の積を ab で表わします (積であることを明確に示す必要がある場合は積 ab を $a \cdot b$ と書くことにします).

a, b, c を $\mathbb{R}^*$ の任意の元とするとき,明らかに次が成り立ちます.

(5) $ab \in \mathbb{R}^*$
(6) $(ab)c = a(bc)$
(7) $a1 = 1a = a$ (1 は数字の 1)
(8) $a\dfrac{1}{a} = \dfrac{1}{a}a = 1$

ところが,自然数の集合 $\mathbb{N}$ で加法を考えると,$a, b \in \mathbb{N}$ に対して,$a+b \in \mathbb{N}$ ですが,$0 \notin \mathbb{N}$ なので,$a+x = a$ となるような自然数 x は存在しません.

また,$\mathbb{Z}^* = \mathbb{Z} - \{0\}$ ($\mathbb{Z}$ から 0 を除いた集合) に乗法を考えるとき,例えば $3 \times x = 1$ となるような x は $\mathbb{Z}^*$ には存在しません.

このように考えると,$\mathbb{Z}$ で加法を考えたとき (3) が成り立つことや,$\mathbb{R}^*$ で乗法を考えたときの (8) が成り立つことは,当たり前のこととは言い難くなります.

なお,上記の加法,乗法などを総称して演算と呼ばれています.

演算という言葉を,群の定義で用いますので,ここで演算の正確な定義を与えておきましょう.

2.1 群とは

　A, B が集合のとき，集合の**直積** A × B とは，(a, b) (a ∈ A, b ∈ B) という組からなる集合のことです．
　例えば，A = {1, 2}, B = {3, 4} のとき

$$A \times B = \{(1,3), (1,4), (2,3), (2,4)\}$$

となります．
　また，写像という概念も必要となりますので，簡単にふれておきましょう．
　集合 X, Y が与えられたしましょう．集合 X の任意の元 x に対して，集合 Y のただ 1 つの元 y が対応する規則が定まっているとき，X から Y(の中) への**写像**が定義されていると言います．
　f が X から Y への写像であることを

$$f: X \to Y$$

のように表わします．
　いま，集合 X に対して写像

$$\phi: X \times X \to X$$

のことを集合 X 上の**演算**と言います．
　もっと分かり易く言えば，X の任意の元 a, b の対 (a, b) に対し，X のある元 c を定める取り決め

$$\phi(a, b) = c$$

があることを意味します．
　このような φ を X 上の演算 (あるいは **2 項演算**) と言います．
　混乱の恐れがないときは，φ(a, b) の代わりに ab などと書きます．ab のことを**積**と言います．
　これに合わせて"閉じている"という言葉を紹介しましょう．
　集合 X の元の間に演算などの操作が与えられているとき，その操作の結果得られる元が再びその集合 X に属することを，X はこの演算に関して**閉じている**と言います．
　例えば，N は足し算と掛け算に関しては閉じていますが，引き算に関しては閉じていません．
　以上の準備のもとで，群の定義へと話を進めましょう．

群の定義

Γ は空集合でない集合とする. Γ の任意の 2 つの元 a, b にたいして,積と呼ばれる演算 ab が定義され,この演算に関して閉じていて,次の性質を満たすとき,Γ を**群** (group) と言います.

(1) Γ の任意の 3 つの元 a, b, c に対して

$$(ab)c = a(bc)$$

が成り立つ (**結合法則**).

(2) **単位元** (unity) と呼ばれる元 $e \in \Gamma$ があり,すべての $a \in \Gamma$ に対して

$$ae = ea = a$$

が成り立つ (**単位元の存在**).

(3) Γ の任意の元 a に対して

$$ab = ba = e$$

となる Γ の元 b が必ず存在する.b を a の**逆元** (inverse) といい,a^{-1} で表わす (**逆元の存在**).

以上は**群の公理**と呼ばれています.

集合 Γ が群になるとき,「Γ には群の構造が入る」,「Γ は群をなす」,「Γ は群を作る」などと言います.

また,単位元を表わすのに,e の代わりに 1 で表わすことも多く見られます.本書でも必要に応じて用いる場合があります.

〈注〉多くの群論に関する書物では,群を表わすのに大文字の G を用いていますが,グラフ理論でグラフを表わすのに G を用いますので,本書ではそれと区別するために,群を表わすのに Γ を用いています.

a, b が群 Γ の元で

$$ab = ba$$

となるとき,a, b は**可換**であると言います.

群 Γ の任意の元 a,b が可換であるとき，Γ は**可換群**，**アーベル群** (abelian group)，**加法群**，あるいは**加群**と言います．可換群でない場合は**非可換群**と言います．

可換群のとき，積のことをしばしば和と呼ぶこともあります．本書でもそのように呼ぶ場合があります．

この場合，群の演算を ab でなく，$a+b$ と書くことが多く，演算を $a+b$ と書くときは，単位元を 0 で示し，a の逆元を $-a$ で表わします．

Γ が群であるとき，その元の個数を $|\Gamma|$ で表わし，Γ の**位数**といい，位数が有限のとき**有限群**といい，有限群でないとき，**無限群**と言います．

Γ を群，$\mathbb{N}$ を自然数の集合とするとき，$a \in \Gamma, n \in \mathbb{N}$ に対して

$$\overbrace{a \cdots a}^{n \text{個}} = a^n, \quad a^{-n} = (a^n)^{-1}, \quad a^0 = e \qquad (*)$$

と定めます．

特に，Γ が可換群のときは a^n を na で表わします．

定義や術語の説明ばかりの話が続きましたので，分かり易い具体例をいくつかあげておきましょう．

2.2　群のいろいろな具体例

$1°$　整数 $\mathbb{Z}$ は加法という演算のもとで群を作ります．しかも，$\mathbb{Z}$ の任意の元 a,b に対して

$$a+b = b+a$$

が成り立ちますから，可換群になります．単位元は 0 で，a の逆元は $-a$ となります．

$2°$　$\mathbb{R}^* = \mathbb{R} - \{0\}$ は通常の数としての積に関して可換群になります．単位元は 1 で，a の逆元は a^{-1} になります．

$3°$　$\Gamma = \{1, -1\}$ は通常の数としての積に関して可換群になります．$(-1) \times (-1) \in \Gamma$ で，単位元は 1，-1 の逆元は -1 になります．

28 第2章 群論の基礎

4° $\Gamma = \{a, b, c\}$ とします.これらの元の積を,

$$a^2 = a, \quad b^2 = c, \quad c^2 = b, \quad ab = ba = b,$$
$$ac = ca = c, \quad bc = cb = a$$

と定めます.Γ はこの積に関して閉じています.また

$$(ab)c = bc = a, \quad a(bc) = aa = a$$

となり,結合法則は成り立ちます.a は単位元で,b, c の逆元はそれぞれ c, b となり,Γ は群を作ることがわかります.

5° q は正の整数とし,

$$\mathbb{Z}_q = \{0, 1, 2, \ldots, q-1\}$$

とおきます.

$\mathbb{Z}_q$ における任意の2つの元 a, b に対して,和という演算を「$a+b$ を q で割った余り」と定めます.

例えば,$\mathbb{Z}_3 = \{0, 1, 2\}$ のとき,$\mathbb{Z}_3$ の2つの元 a, b の和は,$a+b$ を3で割った余りなので,

$$1+1 = 2, \quad 1+2 = 2+1 = 0, \quad 2+2 = 1$$

となります.

この和に関して $\mathbb{Z}_q$ は群を作ります.と言うのは,単位元は 0,$a \in \mathbb{Z}_q$ の逆元は $q-a$ であり,和という演算に関して閉じていることおよび結合律が成り立つことがただちに確かめられるからです.

また,$a, b \in \mathbb{Z}_q$ に対して,$a+b$ を q で割った余りと $b+a$ を q で割った余りは同じなので可換群になります.

6° 平面上に正3角形 ABC をとり,正3角形の中心 O(正3角形に外接する円の中心) を不変にして,O のまわりの回転を考えます.この場合,2つの回転が1回転の整数倍 (すなわち $360°$ の整数倍) だけ異なる場合には,それらは同じものとします.

次に,2つの回転 σ, τ の和とは,まず回転 σ を施し,次に回転 τ を施して得られる回転とします.

いま,静止 (零回転),$120°$ の回転,$240°$ の回転を e, σ, τ で表わすとき,$\Gamma = \{e, \sigma, \tau\}$ は,回転の和に関して可換群を作ります.このことは,例えば

$$e + \tau = 0° + 120° = 120°$$

となり，e は単位元で，$120°$ の逆元は

$$\sigma + \tau = 120° + 240° = 360° = e$$

より，τ であることなどからわかります．

7° 長方形 ABCD $(AB \neq AD)$ の対称軸 XX′ による折り返しを σ，YY′ による折り返しを τ，静止 (折り返しを行なわない) を e とし (図 2.1 参照)，積 $\sigma\tau$ は折り返し τ を施し，次に折り返し σ を施して得られるものとします．このとき，この演算のもとで，$\Gamma = \{e, \sigma, \tau, \sigma\tau\}$ は可換群を作ります．この 4 個の元よりなる群は**クライン (Klein) の 4 元群**と呼ばれています．

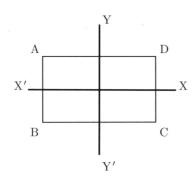

図 2.1

2.3 群の基本性質

群 Γ が与えられたとき，"単位元はただ一つなのだろうか"，$a \in \Gamma$ に対して "a の逆元はただ一つに決まるのだろうか"．これらは自然な疑問です．まず，この話から始めましょう．

第 2 章　群論の基礎

命題 2.1.　(1) 群 Γ の単位元 e はただ 1 つである．
(2) e は群 Γ の単位元で，n は任意の整数とするならば，$e^n = e$ である．

証明．(1) 単位元 e と同じ性質を持つ e_1 が別にあったとする．このとき，Γ の任意の元 a に対して

$$ae_1 = e_1 a = a \qquad ①$$

が成り立つ．また，①において $a = e$ とおくと

$$ee_1 = e_1 e = e \qquad ②$$

e は Γ の単位元であるから，$ee_1 = e_1$．よって，②より $e_1 = e$．このことは，単位元はただ 1 つであることを示している．

(2) $n = 0$ のときは明らかであり，$n \in \mathbb{N}$ のときは帰納法を用いればよい．n が負の整数のときは，$n = -k$ とおけば，$e^n = e^{-k} = (e^{-1})^k = e^k = e$. □

命題 2.2.　(1) 群 Γ の逆元はただ 1 つである．

証明．Γ の任意の元 a の逆元を x とする．ここで，$y(\neq x)$ をもう 1 つの逆元とする．すなわち，$ay = ya = e$ とする．これに右側から x を掛けると，e は単位元より $(ay)x = (ya)x = y(ax) = ye = y$．$ay = e$ から，$x = y$ となり，逆元はただ 1 つであることがわかる． □

次に簡約法則と呼ばれている最も基本的な性質の 1 つについて述べましょう．

定理 2.3.　Γ が群で，$a, b, c \in \Gamma$ ならば，次が成り立つ．

(1) $ab = ac$ ならば，$b = c$．
(2) $ba = ca$ ならば，$b = c$．
(3) $ab = c$ ならば，$b = a^{-1}c$, $a = cb^{-1}$.

(1) と (2) は**簡約法則**と呼ばれている．

証明．(1) 　与式の両辺に左側から a^{-1} を掛けると
$$a^{-1}ab = a^{-1}ac.$$
$a^{-1}a = e$（単位元）であるから，求める結果が得られる．
(2) 　与式の両辺に右側から a^{-1} を掛ければ，(1) と同様にして，$b = c$ が得られる．
(3) 　与式の両辺に左側から a^{-1} を掛ければ，
$$a^{-1}ab = a^{-1}c. \quad \text{よって,} b = a^{-1}c.$$
与式の両辺に右側から b^{-1} を掛ければ，
$$abb^{-1} = cb^{-1}. \quad \text{よって,} a = cb^{-1}.$$

□

上記で逆元が出てきたので，ここで，それに関する性質について述べましょう．

定理 2.4. Γ は群とする．このとき，次が成り立つ．
 (1) $a, b \in \Gamma$ ならば，$(ab)^{-1} = b^{-1}a^{-1}$．
 (2) $a \in \Gamma$ ならば，$(a^{-1})^{-1} = a$．

証明．(1) 　$(ab)(b^{-1}a^{-1}) = (b^{-1}a^{-1})(ab) = e$ となることを示せばよい．結合法則より
$$(ab)(b^{-1}a^{-1}) = a(bb^{-1})a^{-1} = aea^{-1} = e.$$
同様にして，
$$(b^{-1}a^{-1})(ab) = b^{-1}(a^{-1}a)b = b^{-1}eb = e.$$
よって，$b^{-1}a^{-1}$ は ab の逆元である．
(2)
$$aa^{-1} = a^{-1}a = e.$$

この式は a^{-1} の逆元は a であることを意味している．よって，$(a^{-1})^{-1} = a$. □

定理 2.4 (1) より，
$$(aa)^{-1} = a^{-1}a^{-1}$$
が成り立ちますから，
$$(a^2)^{-1} = (a^{-1})^2$$
となることがわかります．このことから，一般に，$n \in \mathbb{N}$ に対して
$$(a^n)^{-1} = (a^{-1})^n \qquad ③$$
が得られます．

③と 2.1 節の定義 $(*)$ から，任意の $n \in \mathbb{N}$ に対して
$$(a^n)^{-1} = (a^{-1})^n = a^{-n} \qquad ④$$
が成り立つことがわかります．④は $n \in \mathbb{Z}$ のときも成り立ちます．

定理 2.5. a は群 Γ の任意の元とする．このとき，$n \in \mathbb{Z}$ に対して
$$(a^n)^{-1} = (a^{-1})^n = a^{-n}$$
が成り立つ．

証明． $n \in \mathbb{N}$, $n = 0$ のときは④および $a^0 = e$ から明らかなので，n が負の整数のとき，与式が成り立つことを示せばよい．$n = -k$ とおけば，$k \in \mathbb{N}$．このとき，
$$a^{-n} = a^k.$$
定義 $(*)$ と定理 2.4(2) より
$$(a^{-1})^n = (a^{-1})^{-k} = ((a^{-1})^{-1})^k = a^k$$
$$(a^n)^{-1} = (a^{-k})^{-1} = ((a^k)^{-1})^{-1} = a^k$$
となることから，求める結果が得られる． □

定理 2.5 を利用することにより，次が得られます．

定理 2.6. a は群 Γ の任意の元とする．このとき，$m, n \in \mathbb{Z}$ に対して
$$a^m a^n = a^{m+n}$$
が成り立つ．

証明．(i) $m, n \in \mathbb{N}$ のときは，定義 $(*)$ より，明らかに与式は成り立つ．m, n のうち 0 に等しいものがあれば，例えば，$m = 0$ のとき
$$a^{0+n} = a^n = e a^n = a^0 a^n$$
となり，$n = 0$ のときも同様であるから，やはり与式が成り立つ．

(ii)　m と n が共に負の整数の場合．

$m = -k, n = -l$ とおけば，$k, l \in \mathbb{N}$ であるから，(i) と定理 2.5 と定義 $(*)$ より
$$a^{m+n} = a^{-(k+l)} = (a^{-1})^{k+l} = (a^{-1})^k (a^{-1})^l = a^{-k} a^{-l} = a^m a^n.$$

(iii)　$m > 0, n < 0, m + n \geqq 0$ の場合．

$-n > 0$ より，(i) と (ii) の結果を用いて
$$a^{m+n} a^{-n} = a^{m+n+(-n)} = a^m. \qquad ⑤$$
ここで，定理 2.5 より，
$$a^{-n} a^n = (a^n)^{-1} a^n = e$$
が成り立つことに注意すれば，(i) と⑤より
$$a^{m+n} = a^{m+n} a^{-n} a^n = a^{m+n+(-n)} a^n = a^m a^n.$$

(iv) $m > 0, n < 0, m + n < 0$ の場合．

$-m - n > 0$ より，(iii) の結果を用いて
$$a^{-m-n} a^m = a^{-m-n+m} = a^{-n}.$$
定理 2.5 より，
$$a^{-n} a^n = (a^n)^{-1} a^n = e,$$
$$a^{m+n} a^{-m-n} = a^{m+n} (a^{m+n})^{-1} = e$$

が成り立つから，
$$a^{m+n} = a^{m+n}a^{-n}a^n = a^{m+n}(a^{-m-n}a^m)a^n = (a^{m+n}a^{-m-n})a^m a^n = a^m a^n.$$

(ⅴ) $m < 0, n > 0$ の場合．

(ⅲ) と (ⅳ) の場合で，m と n を入れ換えて考えればよいから，この場合も与式は成り立つ．

以上により，定理の証明は完了した． □

Γ が可換群ならば，$a, b \in \Gamma$ に対して
$$(ab)^2 = (ab)(ab) = a(ba)b = a(ab)b = a^2 b^2$$
が成り立ちます．この事実は一般化でき，次が成り立ちます．証明は，数学的帰納法と定理 2.5 などを用いればできます．

定理 2.7. $n \in \mathbb{Z}$ のとき，可換群 Γ に属する任意の a, b について次が成り立つ．
$$(ab)^n = a^n b^n.$$

次のことも容易に示すことができます．

系 2.8. 群 Γ のすべての元 a について，$a^2 = e$（単位元）ならば，Γ は可換群である．

証明． $a, b \in \Gamma$ とするならば，
$$a(ab)b = a^2 b^2 = e, \quad a(ba)b = (ab)(ab) = (ab)^2 = e.$$
よって，$a(ab)b = a(ba)b$．したがって，定理 2.3 より $ab = ba$． □

2.4　部分群の定義

2.4 部分群の定義

2つの集合 A と S があって，A のすべての元が S の元であるとき，A は S の部分集合 (subset) であると言い

$$A \subset S \text{ あるいは } S \supset A$$

と書き，A は S に含まれるとか，S は A を含むと言います．

この定義によると，S 自身もまた S の部分集合ということになります．

特に，A の元はすべて S に含まれ，S には A 以外の元があるとき，A は S の真部分集合といい，

$$A \subsetneq S \text{ あるいは } A \subset S, A \neq S$$

と書きます．なお，空集合(元を1つも含まない集合)ϕ はすべての集合の部分集合と約束します．

例えば，整数全体の集合 $\mathbb{Z}$ は有理数全体の集合 $\mathbb{Q}$ の部分集合になっています．記号で表わせば，$\mathbb{Z} \subset \mathbb{Q}$ となります．$\mathbb{Z}$ は $\mathbb{Q}$ の真部分集合にもなっていますので，このことを明確に示すときは

$$\mathbb{Z} \subsetneq \mathbb{Q} \text{ あるいは } \mathbb{Z} \subset \mathbb{Q}, \mathbb{Z} \neq \mathbb{Q}$$

と表わすことになります．

さて，$\mathbb{Z}, \mathbb{Q}$ は同じ加法という演算のもとで，共に群を作ります．しかも集合として $\mathbb{Z} \subset \mathbb{Q}$ になっています．

きちんとした定義はこのあとすぐに述べますが，この場合 $\mathbb{Z}$ は $\mathbb{Q}$ の部分群と言います．

一般に群 Γ がどのような性質を持つかなどを調べるとき，いきなり群 Γ そのものを調べる代わりに，Γ に含まれる小さな群を調べることにより，群 Γ の性質がわかる場合がしばしばあります．では，部分群の定義を与えましょう．

部分群の定義

「Γ を群，Λ は Γ の部分集合とする．Λ が Γ の演算によって群になる」とき，Λ は Γ の部分群 (subgroup) と言います．

いま，群 Γ の単位元を e とし，$\Lambda = \{e\}$ とします．すなわち Λ は単位元 e だけの集合とします．

このとき，群 Γ の演算のもとで Λ は Γ の部分群になります．と言うのは，$ee = e$ であって，$(ee)e = e(ee)$ となり、群の3つの公理を満たすからです．

群 Γ の部分群のうち Γ 自身と $\{e\}$ とを**自明な部分群**といい，これら以外の部分群を**真部分群**と言います．

ここで，群 Γ の部分集合 Λ が Γ の部分群になるための判定条件を述べましょう．

定理 2.9 (部分群の判定条件 I)．

群 Γ の空でない部分集合 Λ が Γ の部分群になるための必要十分条件は，次の 2 つの条件が満たされることである．

(I) $a, b \in \Lambda$ ならば，$ab \in \Lambda$
(II) $a \in \Lambda$ ならば，$a^{-1} \in \Lambda$

証明．（⇒） Γ の演算により，Λ が群になるので，演算が定義できる．よって，$a, b \in \Lambda$ に対し $ab \in \Lambda$ となり，(I) が成り立つ．Λ における単位元を e_Λ，Γ における単位元を e_Γ で表す．Λ の演算と Γ の演算は一致しているので，

$$e_\Lambda e_\Lambda = e_\Lambda$$

が Γ の演算により成り立つ．この式に e_Λ を左からかけて

$$e_\Lambda = e_\Gamma.$$

よって，Λ における単位元と Γ における単位元は一致する．

$a \in \Lambda$ に対し，Λ での逆元を b とする．Γ の演算により，

$$ab = ba = e_\Lambda = e_\Gamma$$

である．これは b が a の Γ における逆元であることを意味する．よって，$b = a^{-1} \in \Lambda$ となり，(II) が成り立つ．

（⇐） すべての $a \in \Gamma$ に対して，

$$a e_\Gamma = e_\Gamma a = a$$

が成り立つので，特にすべての $a \in \Lambda$ に対しても成り立つ．よって，e_Γ は Λ でも単位元である．

Γ で結合法則が成り立っているので，明らかに Λ でも成り立つ．

$a \in \Lambda$ なら，Γ の元としての a^{-1} は (II) より，Λ の元であり，

$$a a^{-1} = a^{-1} a = e_\Gamma = e_\Lambda$$

2.4 部分群の定義

なので,これは Λ においても a の逆元である.したがって,Λ は Γ の演算により群になる. □

加法群の場合は,その演算を + で表すと,定理 2.9 の条件 (I),(II) は次のようになります.

(I)′ $a, b \in \Lambda$ ならば,$a + b \in \Lambda$
(II)″ $a \in \Lambda$ ならば,$-a \in \Lambda$

定理 2.9 の判定条件 (I),(II) は次のような 1 つの条件にまとめることができます.

系 2.10 (部分群の判定条件 II)**.**

群 Γ の空でない部分集合 Λ が Γ の部分群になるための必要十分条件は,次の条件が満たされることである.

(III) $a, b \in \Lambda$ ならば,$a^{-1}b \in \Lambda$

証明. 定理 2.9 の判定条件 (I),(II) から,$a, b \in \Lambda$ ならば,$a^{-1} \in \Lambda$ であるから,$a^{-1}b \in \Lambda$ となる.よって,条件 (III) は必要条件である.

逆に,(III) が満たされているとする.
$a \in \Lambda$ ならば,(III) によって,$e = a^{-1}a \in \Lambda$.$a \in \Lambda$ であり,$e \in \Lambda$ であるから,また (III) によって,$a^{-1}e = a^{-1} \in \Lambda$ である.よって,定理 2.9 の (II) が満たされる.

次に,$a, b \in \Lambda$ ならば,$a^{-1} \in \Lambda$ であるから,(III) によって,

$$ab = (a^{-1})^{-1}b \in \Lambda$$

となって,定理 2.9 の (I) が満たされる.

以上から,条件 (III) が満たされるならば,定理 2.9 の条件 (I),(II) が満たされることがわかる.よって,定理 2.9 より Λ は Γ の部分群である. □

抽象的な話が続きましたので,具体例をあげておきましょう.

例 2.1. $\mathbb{Z}$ を通常の加法による群とします.このとき,

$$2\mathbb{Z} = \{2n \mid n \in \mathbb{Z}\}$$

が $\mathbb{Z}$ の部分群であるかどうかを調べてみましょう．

$2\mathbb{Z}$ の任意の2つの元は

$$2m, 2n \quad (m, n \in \mathbb{Z})$$

の形をしていますまた，$2m$ の逆元は $-2m$ です．このとき，

$$-2m + 2n = 2(-m) + 2n = 2(n-m) \in 2\mathbb{Z}$$

となり，系 2.10 の条件 (III) を満たすので，$2\mathbb{Z}$ は $\mathbb{Z}$ の部分群であることがわかります． □

例 2.2. $\Gamma = \mathbb{R}^*$ は通常の乗法による群とします． このとき，

$$\Lambda = \{1, -1\}$$

は Γ の部分群であることは下表 (図 2.2) よりわかります．

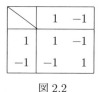

図 2.2

図 2.2 に示されているような表は群の**乗積表**と呼ばれています．

例 2.3. 群 Γ の1つの元を a とすると，

$$\Lambda = \{a^m | m \in \mathbb{Z}\}$$

は Γ の部分群になります．

なぜなら，$a^m, a^n \in \Lambda$ とします．このとき

$$(a^m)^{-1}(a^n) = a^{-m}a^n = a^{n-m}.$$

$n - m \in \mathbb{Z}$ なので，$(a^m)^{-1}(a^n) \in \Lambda$ となり，系 2.10 の条件が満たされるからです．

さて，群の有限個の部分群の共通部分は，部分群になるのではないかと思われることでしょう．

このことについては次が成り立ちます．

定理 2.11. 群 Γ の 2 つの部分群 Λ_1 と Λ_2 との共通集合 $\Lambda_1 \cap \Lambda_2$ は Γ の部分群である.

証明. Γ の単位元 e は $\Lambda_1 \cap \Lambda_2$ に属するから, $\Lambda_1 \cap \Lambda_2$ は空集合でない.

$a, b \in \Lambda_1 \cap \Lambda_2$ ならば, $a \in \Lambda_1$ かつ $b \in \Lambda_1$ であるから, 系 2.10 の条件 (III) により,
$$a^{-1}b \in \Lambda_1.$$
また, $a \in \Lambda_2$ かつ $b \in \Lambda_2$ であるから, やはり条件 (III) により,
$$a^{-1}b \in \Lambda_2.$$
ゆえに
$$a^{-1}b \in \Lambda_1 \cap \Lambda_2.$$
したがって, 系 2.10 より, $\Lambda_1 \cap \Lambda_2$ は Γ の部分群である. □

定理 2.11 より, 次がただちに得られます.

系 2.12. 群 Γ の n 個の部分群 $\Lambda_1, \Lambda_2, \ldots, \Lambda_n$ の共通集合 $\Lambda_1 \cap \Lambda_2 \cap \cdots \cap \Lambda_n$ は Γ の部分群である.

部分群に関する話はこの位にして, 巡回群の話に移りましょう.

2.5 巡回群とその生成元

群 $\Gamma \ni a$ に対して, 集合 $\{a^m | m \in \mathbb{Z}\}$ は, Γ の演算のもとで, Γ の部分群になることが例 2.3 から分かります.

そこで，$\langle a \rangle = \{a^m | m \in \mathbb{Z}\}$ と表し，$\langle a \rangle$ を Γ の巡回部分群と呼び，$\langle a \rangle$ は a で生成されると言います．また，a を $\langle a \rangle$ の生成元と呼びます．特に，$\Gamma = \langle a \rangle$ となるとき，Γ は a で生成される巡回群 (cyclic group) と言います．

すなわち，巡回群とは群の 1 つの元 a から積 (加法群のときは和) を繰り返し，さらに単位元とそれらの逆元も考えて作られた a^m 全体の集合のことです．

Γ が加法群で，それが a で生成される巡回群のときは $\langle a \rangle = \{ma | m \in \mathbb{Z}\}$ と書くことになります．

例えば，乗法に関して -1 の累乗は 1 と -1 ですから，例 2.2 でとりあげた群 $\Lambda = \{1, -1\}$ は -1 を生成元とする巡回群となります．この場合は $\Lambda = \langle -1 \rangle$ と書くことになります．

加法群 $\mathbb{Z}$ は $\mathbb{Z} = \{n1 | n \in \mathbb{Z}\}$ と書けますから，1 を生成元とする巡回群になります．すなわち，$\mathbb{Z} = \langle 1 \rangle$ となります．

群に属する元の個数をその群の位数と言いました．$\Lambda = \langle -1 \rangle$ は位数 2 の巡回群で，$\mathbb{Z} = \langle 1 \rangle$ は元が無限にある (すなわち位数が無限大である) 巡回群になっています．

この例のように，有限群であって巡回群であるものを**有限巡回群**といい，無限群であって巡回群であるものを**無限巡回群**と言います．

Γ は a で生成される巡回群 (すなわち $\Gamma = \langle a \rangle = \{a^m | m \in \mathbb{Z}\}$) とします．$m \neq n$ のとき，つねに $a^m \neq a^n$ (加法群のときは $ma \neq na$) ならば

$$\ldots, a^{-2}, a^{-1}, a^0 = e, a, a^2, \ldots$$

となりますから，Γ は明らかに無限群になります．

そうでない場合は

$$a^m = a^n \quad (m > n)$$

となる m, n が存在します．このとき，

$$a^{m-n} = e$$

となります．いま，t を $a^n = e$ となる最小の自然数とすれば

$$a^0 = e, a, a^2, \ldots, a^{t-1}$$

は明らかに異なります．s を任意の整数とすると

$$s = tq + r \quad (0 \leqq r < t)$$

2.5 巡回群とその生成元

となる整数 q, r が存在するから

$$a^s = a^{tq+r} = (a^t)^q a^r = e a^r = a^r$$

となります.

とくに, $a^s = e$ ならば, $r = 0$ となり, s は t で割り切れます. a^s は $e, a, \ldots, a^{t-1}$ のどれかと一致することになり

$$\Gamma = \langle a \rangle = \{e, a, \ldots, a^{t-1}\}$$

であることが分かります. すなわち Γ は位数 t の有限巡回群となります. したがって, 次の定理が得られたことになります.

定理 2.13. $\Gamma = \langle a \rangle = \{a^m | m \in \mathbb{Z}\}$ とする. このとき, 次が成り立つ.

(1) $m \neq n$ のとき常に $a^m \neq a^n$ ならば, Γ は無限巡回群である.
(2) Γ が無限巡回群で, $m \neq n$ ならば $a^m \neq a^n$ である.
(3) $a^m = a^n$ となるような相異なる 2 つの整数 m, n が存在するならば, Γ は有限巡回群であり, Γ の位数を t とするならば, $a^t = e$ であって, $e, a, \ldots, a^{t-1}$ は Γ の相異なるすべての元である.
(4) $a^m = e$ ならば, m は Γ の位数 t で割り切れる.

巡回群については次も成り立ちます.

定理 2.14. (1) 巡回群 Γ は可換群である.
(2) 巡回群 Γ の部分群は巡回群である.

証明. $\Gamma = \langle a \rangle$ とする. このとき, Γ の任意の 2 つの元 a^m と a^n について $a^m a^n = a^{m+n} = a^{n+m} = a^n a^m$ が成り立つ. このことは, Γ が可換群であることを示している.
(2) $\Gamma = \langle a \rangle$ とし, Λ を Γ の部分群とする. Λ の元はすべて a^m の形をしている.
Λ の元のうち, m が最小の正の整数となるものを a^s とする. Λ の任意の元を a^m $(m > 0)$ とすれば, m は s で割り切れる.

なぜなら，$m = sq + r \ (0 \leqq r < s)$ とすると
$$a^m = a^{sq+r} = (a^s)^q a^r \in \Lambda$$
であり，$a^s \in \Lambda$ で，Λ は部分群であるから，$(a^s)^q \in \Lambda$.
よって，$a^r \in \Lambda$ となる．s の最小性により $r = 0$ でなければならないからである．ゆえに，$a^m = (a^s)^q$.

また，$a^\ell \ (\ell < 0)$ に対しては，その逆元を考えれば，$a^{-\ell} \in \Lambda$. $-\ell > 0$ から，上記で証明したことにより，$a^{-\ell} = (a^s)^k$. したがって，
$$a^\ell = (a^s)^{-k}.$$
以上により，$\Lambda = \langle a^s \rangle$ となり Λ は巡回群であることが分かる． □

例 2.4. 位数 12 の有限巡回群 Γ の 1 つの生成元を a とするとき，a の累乗のうちで，生成元となるものをすべて求めてみよう．Γ の位数は 12 より
$$\Gamma = \{e, a, a^2, \ldots, a^{11}\}$$
と書くことができます．2 数 a, b の最大公約数を G.C.M(a, b) で表すと，G.C.M$(j, 12) = 1$ となるのは $j = 1, 5, 7, 11$ だけです．よって，
$$a, a^5, a^7, a^{11}$$
が Γ の生成元になります．

次に，いくつかの元で生成される場合の話をします．

M を群 Γ の部分集合とします．このとき，M のべき積
$$a_1{}^{n_1} a_2{}^{n_2} \cdots a_r{}^{n_r} \ (a_i \in M, n_i \in \mathbb{Z}) \tag{$*$}$$
と表される元の全体を Λ とすれば，Λ は明らかに Γ の部分群になります．

この Λ を部分集合 M によって生成される Γ の部分群といい，$\Lambda = \langle M \rangle$ と表します．また，M を Λ の生成系とも言います．

特に，M がただ 1 つの元 a からなるとき，Λ は a によって生成される巡回群になります．

$\Gamma = \langle M \rangle$ となるときは，群 Γ の任意の元は $(*)$ の形で書けることになります．

ここで，例を 1 つあげておきましょう．集合
$$D_n = \{e, \sigma, \sigma^2, \ldots, \sigma^{n-1}, \tau, \sigma\tau, \sigma^2\tau, \ldots, \sigma^{n-1}\tau\}$$

は，$\sigma^n = e$, $\tau^2 = e$, $\tau\sigma\tau = e$ と定めることにより，位数 $2n$ の群を作ります．この群は **2 面体群** として知られています．D_n の生成元は σ, τ で，本来なら $D_n = \langle\{\sigma\tau\}\rangle$ と書くところですが，$D_n = \langle \sigma, \tau \rangle$ と略記します．

2.6 置換と対称群

n 個の文字の集合から自分自身への 1 対 1 写像を**置換**と言います．普通は n 個の文字の集合として，数字 $\{1, 2, \ldots, n\}$ を用います．

n 文字の置換のことを n 次の置換と言います．

例えば，3 次の置換は，$N = \{1, 2, 3\}$ から N への 1 対 1 写像となります．

いま，3 次の置換 σ が

$$\sigma : 1 \to 2,\ 2 \to 3,\ 3 \to 1$$

であるとき，この置換を

$$\sigma = \begin{pmatrix} 1 & 2 & 3 \\ 2 & 3 & 1 \end{pmatrix}$$

と表します．

上から下への上下関係は，この置換の写像を表しますから，上下関係が保たれていれば，同じ置換を表すことになります．例えば，

$$\begin{pmatrix} 1 & 2 & 3 \\ 2 & 3 & 1 \end{pmatrix},\ \begin{pmatrix} 2 & 1 & 3 \\ 3 & 2 & 1 \end{pmatrix},\ \begin{pmatrix} 3 & 2 & 1 \\ 1 & 3 & 2 \end{pmatrix}$$

はすべて同じ置換です．

どの文字も換えない置換は**恒等置換**と呼ばれています．例えば

$$\begin{pmatrix} 1 & 2 & 3 \\ 1 & 2 & 3 \end{pmatrix}$$

がそうです．また，置換 σ に対して，その逆写像を**逆置換**と言い，σ^{-1} で表します．

例えば，$\sigma = \begin{pmatrix} 1 & 2 & 3 \\ 2 & 3 & 1 \end{pmatrix}$ の逆置換は

$$\sigma^{-1} = \begin{pmatrix} 1 & 2 & 3 \\ 3 & 1 & 2 \end{pmatrix}$$

となります.

3 文字の置換は

$$\sigma_1 = \begin{pmatrix} 1 & 2 & 3 \\ 1 & 2 & 3 \end{pmatrix}, \quad \sigma_2 = \begin{pmatrix} 1 & 2 & 3 \\ 2 & 3 & 1 \end{pmatrix}, \quad \sigma_3 = \begin{pmatrix} 1 & 2 & 3 \\ 3 & 1 & 2 \end{pmatrix}, \quad \sigma_4 = \begin{pmatrix} 1 & 2 & 3 \\ 1 & 3 & 2 \end{pmatrix},$$

$$\sigma_5 = \begin{pmatrix} 1 & 2 & 3 \\ 3 & 2 & 1 \end{pmatrix}, \quad \sigma_6 = \begin{pmatrix} 1 & 2 & 3 \\ 2 & 1 & 3 \end{pmatrix}$$

ですべて与えられます.

いま,n 次の置換 σ, τ に対して合成写像

$$\sigma\tau(i) = \sigma(\tau(i)) \ (i = 1, 2, \ldots, n)$$

によって,この順序の置換の積 $\sigma\tau$ を定義します.

実際には,次のように積の計算をすればよいことになります.

例えば,

$$\sigma = \begin{pmatrix} 1 & 2 & 3 \\ i & j & k \end{pmatrix}, \quad \tau = \begin{pmatrix} 1 & 2 & 3 \\ l & m & n \end{pmatrix}$$

のとき,σ の表示の順序を入れ替えて

$$\sigma = \begin{pmatrix} l & m & n \\ p & q & r \end{pmatrix}$$

となるとき,積 $\sigma\tau$ は

$$\sigma\tau = \begin{pmatrix} 1 & 2 & 3 \\ i & j & k \end{pmatrix} \begin{pmatrix} 1 & 2 & 3 \\ l & m & n \end{pmatrix}$$

$$= \begin{pmatrix} l & m & n \\ p & q & r \end{pmatrix} \begin{pmatrix} 1 & 2 & 3 \\ l & m & n \end{pmatrix} = \begin{pmatrix} 1 & 2 & 3 \\ p & q & r \end{pmatrix}$$

となります.

では,上記の方法で,$\sigma_2\sigma_3$, $\sigma_3\sigma_2$, $\sigma_4\sigma_5$, $\sigma_6{}^2$ を求めてみよう.

$$\sigma_2\sigma_3 = \begin{pmatrix} 1 & 2 & 3 \\ 2 & 3 & 1 \end{pmatrix} \begin{pmatrix} 1 & 2 & 3 \\ 3 & 1 & 2 \end{pmatrix}$$

$$= \begin{pmatrix} 3 & 1 & 2 \\ 1 & 2 & 3 \end{pmatrix} \begin{pmatrix} 1 & 2 & 3 \\ 3 & 1 & 2 \end{pmatrix} = \begin{pmatrix} 1 & 2 & 3 \\ 1 & 2 & 3 \end{pmatrix},$$

同様にして,

$$\sigma_3\sigma_2 = \begin{pmatrix} 1 & 2 & 3 \\ 1 & 2 & 3 \end{pmatrix}, \quad \sigma_4\sigma_5 = \begin{pmatrix} 1 & 2 & 3 \\ 2 & 3 & 1 \end{pmatrix}, \quad \sigma_6{}^2 = \begin{pmatrix} 1 & 2 & 3 \\ 1 & 2 & 3 \end{pmatrix}.$$

2.6 置換と対称群

ここで，3文字より多い場合の置換の積について練習しておきましょう．

なお，記述を簡単にするために，置換によって動かされない文字を，しばしば省略して書きます．例えば，$\begin{pmatrix} 1 & 2 & 3 & 4 & 5 \\ 3 & 2 & 4 & 1 & 5 \end{pmatrix}$ を $\begin{pmatrix} 1 & 3 & 4 \\ 3 & 4 & 1 \end{pmatrix}$ と表します．

例 2.5. 5文字の置換

$$\sigma = \begin{pmatrix} 1 & 2 & 3 & 4 & 5 \\ 3 & 5 & 2 & 1 & 4 \end{pmatrix}, \quad \tau = \begin{pmatrix} 1 & 3 & 4 \\ 3 & 4 & 1 \end{pmatrix}$$

に対し積 $\sigma\tau$ と $\tau\sigma$ を求めると，

$$\sigma\tau = \begin{pmatrix} 1 & 2 & 3 & 4 & 5 \\ 3 & 5 & 2 & 1 & 4 \end{pmatrix} \begin{pmatrix} 1 & 2 & 3 & 4 & 5 \\ 3 & 2 & 4 & 1 & 5 \end{pmatrix} = \begin{pmatrix} 1 & 2 & 3 & 4 & 5 \\ 2 & 5 & 1 & 3 & 4 \end{pmatrix},$$

$$\tau\sigma = \begin{pmatrix} 1 & 2 & 3 & 4 & 5 \\ 3 & 2 & 4 & 1 & 5 \end{pmatrix} \begin{pmatrix} 1 & 2 & 3 & 4 & 5 \\ 3 & 5 & 2 & 1 & 4 \end{pmatrix} = \begin{pmatrix} 1 & 2 & 3 & 4 & 5 \\ 4 & 5 & 2 & 3 & 1 \end{pmatrix}$$

となります．

置換 σ とその逆置換 σ^{-1} の積は恒等置換になります．

例えば，$\sigma = \begin{pmatrix} 1 & 2 & 3 \\ 2 & 3 & 1 \end{pmatrix}$ とその逆置換 σ^{-1} の積は

$$\sigma\sigma^{-1} = \begin{pmatrix} 1 & 2 & 3 \\ 2 & 3 & 1 \end{pmatrix} \begin{pmatrix} 1 & 2 & 3 \\ 3 & 1 & 2 \end{pmatrix} = \begin{pmatrix} 1 & 2 & 3 \\ 1 & 2 & 3 \end{pmatrix}$$

となり，たしかに恒等置換になっています．

また，$\sigma^{-1}\sigma$ も恒等置換であることもただちに確かめることができます．

一般に次が成り立ちます．

命題 2.15. σ, τ, ρ は n 次の置換とし，ε は n 次の恒等置換とする．このとき，次が成り立つ

(ⅰ) $\tau(\sigma\rho) = (\tau\sigma)\rho$
(ⅱ) $\varepsilon\sigma = \sigma\varepsilon$
(ⅲ) $\sigma^{-1}\sigma = \sigma\sigma^{-1} = \varepsilon$
(ⅳ) $(\sigma\tau)^{-1} = \tau^{-1}\sigma^{-1}$

この命題から，上記の6個の置換 $\{\sigma_1, \sigma_2, \ldots, \sigma_6\}$ は，置換の積のもとで群を作る

ことがわかります (群の公理を満たすことの確認は読者に委ねます). この群は **3 次の対称群**と呼ばれ, 通常 S_3 で表されます.

一般に n 次の置換全体の集合も, 置換の積に関して命題 2.15 より群を作ることがわかります. この群を **n 次の対称群**といい, S_n で表します. この群の位数は $n!$ になります.

n 次の対称群 S_n の部分群を **n 次の置換群**と言います. つまり, 置換全部ではないが, 置換の積に関して群を作る場合を n 次の置換群と言います.

例えば, $A_3 = \{\sigma_1, \sigma_2, \sigma_3\}$ は 3 次の置換群になります. なお, 自分自身も部分群ですから, 対称群はもちろん置換群の例になります.

2.7　巡回置換, 互換, 偶置換・奇置換

今後, 置換群はたびたび登場しますのでもう少し置換に関する話をします.

k 個の文字 $a_1, a_2, \ldots, a_k$ だけを巡回的に

$$a_1 \to a_2,\ a_2 \to a_3, \ldots, a_{k-1} \to a_k, a_k \to a_1$$

と移す置換, すなわち

$$\begin{pmatrix} a_1 & a_2 & \cdots & a_{k-1} & a_k \\ a_2 & a_3 & \cdots & a_k & a_1 \end{pmatrix}$$

を**巡回置換**といい, 単に

$$(a_1\ a_2\ \cdots\ a_k)$$

と書きます. また, 2 文字の巡回置換を特に**互換**と言います.

例えば, $\begin{pmatrix} 1 & 2 & 3 \\ 2 & 3 & 1 \end{pmatrix}$ は巡回置換で, これを $(1\ 2\ 3)$ と書きます. また $\begin{pmatrix} 1 & 2 \\ 2 & 1 \end{pmatrix}$ は互換で, これは $(1\ 2)$ と表します.

すぐにわかることですが, 巡回置換については次が言えます.

命題 2.16. 任意の置換は巡回置換の積で表される.

例えば

$$\sigma = \begin{pmatrix} 1 & 2 & 3 & 4 & 5 \\ 4 & 5 & 2 & 1 & 3 \end{pmatrix} = \begin{pmatrix} 1 & 4 \\ 4 & 1 \end{pmatrix} \begin{pmatrix} 2 & 5 & 3 \\ 5 & 3 & 2 \end{pmatrix} = (1\ 4)(2\ 5\ 3)$$

となります.

ところで,任意の巡回置換 $(a_1\ a_2\ a_3\ \cdots\ a_{k-1}\ a_k)$ に対して

$$(a_1\ a_2\ a_3\ \cdots\ a_{k-1}\ a_k) = (a_1\ a_k)(a_1\ a_{k-1})\cdots(a_1\ a_3)(a_1\ a_2)$$

が成り立ちますから,巡回置換は互換の積で表されることがわかります.

このことと,命題 2.16 より次が得られたことになります.

命題 2.17. 任意の置換は互換の積で表される.

例えば,$(2\ 5\ 3) = (2\ 3)(2\ 5)$ ですから

$$\sigma = \begin{pmatrix} 1 & 2 & 3 & 4 & 5 \\ 4 & 5 & 2 & 1 & 3 \end{pmatrix} = \begin{pmatrix} 1 & 4 \\ 4 & 1 \end{pmatrix} \begin{pmatrix} 2 & 5 & 3 \\ 5 & 3 & 2 \end{pmatrix} = (1\ 4)(2\ 5\ 3)$$
$$= (1\ 4)(2\ 3)(2\ 5)$$

となります.

置換を互換の積で表すとき,その表し方は一意的ではありません.例えば

$$\begin{pmatrix} 1 & 2 & 3 \\ 2 & 3 & 1 \end{pmatrix} = (1\ 2\ 3) = (1\ 3)(1\ 2) = (2\ 3)(1\ 2)(1\ 2)(1\ 3)$$

となります.

しかし,次のことが知られています (証明は例えば文献 [5] を参照して下さい).

命題 2.18. 1 つの置換を互換の積として表すとき,どのような表し方においても互換の個数が偶数か奇数かは一定である.

この結果を受けて,偶数個の互換の積で表される置換は**偶置換**,奇数個の互換の積で表される置換は**奇置換**と呼ばれています.

例えば,
$$\begin{pmatrix} 1 & 2 & 3 \\ 2 & 3 & 1 \end{pmatrix} = (1\ 3)(1\ 2)$$
ですから,これは偶置換になります.また,
$$\begin{pmatrix} 1 & 2 & 3 \\ 1 & 3 & 2 \end{pmatrix} = (2\ 3)$$
と書けますから,この置換は奇置換になります. なお,恒等置換は偶置換になります.

偶置換どうしの積は偶置換になりますから,n 文字の偶置換全体の集合は,置換の積に関して,群を作ります.この群を n 次の**交代群**と呼び A_n で表します.

例えば,
$$A_3 = \{\sigma_1, \sigma_2, \sigma_3\}$$
は 3 次の交代群になっています.

ここで,n 次の交代群 A_n の位数を調べてみましょう.そのための補題を用意します.

補題 2.19. 置換 $\tau, \sigma_1, \sigma_2 \in S_n$ に対して,次が成り立つ.
$$\sigma_1 \neq \sigma_2 \Leftrightarrow \tau\sigma_1 \neq \tau\sigma_2.$$

証明. ($\Rightarrow$) $\tau\sigma_1 = \tau\sigma_2$ ならば $\sigma_1 = \sigma_2$ を示せばよい.
$$\sigma_1 = \tau^{-1}(\tau\sigma_1) = \tau^{-1}(\tau\sigma_2) = \sigma_2$$
よって,$\sigma_1 = \sigma_2$ が示された.
($\Leftarrow$)　$\sigma_1 = \sigma_2$ ならば,$\tau\sigma_1 = \tau\sigma_2$ を示せばよい.置換の積の定義から,これは明らかである.　　□

> **定理 2.20.** n 次の交代群 A_n の位数は $\frac{n!}{2}$ である.

証明. 交代群 A_n の位数を p とすると, 対称群 S_n における奇置換の数 q は, S_n の位数は $n!$ であるから,

$$q = n! - p$$

である. 任意の互換 τ に対して

$$\tau A_n = \{\tau\sigma | \sigma \in A_n\}$$

は奇置換だけからなり, 補題 2.19 より, τA_n の個数も p である. よって

$$p \leqq q.$$

まったく同様にして, 奇置換全体の集合を考えることにより,

$$q \leqq p.$$

したがって, $p = q$ となり, A_n の位数は $\frac{n!}{2}$ であることがわかる. □

2.8 類別

類別は基本的で非常に重要な概念です.

自然数の集合 $\mathbb{N}$ は偶数の集合と奇数の集合に分けることができます. すなわち

$$\mathbb{N} = \{\text{偶数の集合}\} \cup \{\text{奇数の集合}\} \qquad ①$$

となります. しかも偶数の集合と奇数の集合の間には共通な元がありません.

一般に, 集合 M を互いに共通な元をもたない, 空でない部分集合 $M_1, M_2, M_3, \ldots$ に分けることを, M を**類別 (classification)** するといい, 各部分集合を**類 (class)** と言います.

特に，類の個数が有限個のとき，これらの類を $M_1, M_2, \ldots, M_n$ とすると

$$M = M_1 \cup M_2 \cup \cdots \cup M_n \qquad ②$$

であって，$M_1, M_2, \ldots, M_n$ のうちどの2つも共通な元がありません．このことを，互いに素であると言います．この場合，②をしばしば

$$M = M_1 + M_2 + \cdots + M_n$$

と表します．この表し方にしたがうと①は

$$\mathbb{N} = \{ \text{偶数の集合} \} + \{ \text{奇数の集合} \}$$

と書くことになります．

1つの類 M_i から任意に取り出した元 m_i はその類を代表することができますから，m_i を M_i の**代表元**と言いい，類 $M_1, M_2, M_3, \ldots$ のそれぞれから1つずつ代表元 $m_1, m_2, m_3, \ldots$ をとってできる集合 $\{m_1, m_2, m_3, \ldots\}$ を**完全代表系**と言います．

例えば，①の場合の完全代表系の (1つ) は $\{2, 1\}$ となります．

M が類別されているとき，M の元 m を含む類を $C(m)$ で表せば，明らかに次が成り立ちます．

(ⅰ) $m \in C(m)$
(ⅱ) $n \in C(m)$ ならば $C(n) = C(m)$

逆に，M の各元 m にそれぞれ M の部分集合 $C(m)$ が1つ対応し，それらが (ⅰ), (ⅱ) を満たすならば，m で代表される類がちょうど $C(m)$ となるような M の類別が可能になります．と言うのは，すべての $C(m)$ の集合を，重複を省いて $\{M_1, M_2, M_3, \ldots\}$ とすれば，(ⅰ) によって M はそれらの和集合になり，かつ (ⅱ) によって $M_1, M_2, M_3, \ldots$ のうちのどの2つも共通元を持たないことがわかるからです．

次に，同値関係による類別の話に入ります．

2.9 同値関係と類別

一般的な話に入る前に，具体的な話からはじめます．

2.9 同値関係と類別

いま，すべての3角形の集合 T において，合同という関係を考えてみましょう．2つの3角形 t と s が合同であるとき (t を s に重ね合わせができるとき)，$t \equiv s$ で表します．このとき，$t, r, s \in T$ に対して

(ⅰ) $t \equiv t$
(ⅱ) $t \equiv s$ ならば $s \equiv t$
(ⅲ) $t \equiv s, s \equiv r$ ならば $t \equiv r$

が成り立ちます．

きちんとした定義は，この後すぐに述べますが，このような3つの関係が成り立つとき，このような関係を同値関係と言います．

では，同値関係に関する定義をきちんと述べましょう．

集合 S の元の間に記号 ～ で表される関係が定義されており，S の任意の元 a, b について $a \sim b$ が成り立つか成り立たないかのどちらかであるとします．この関係について，次の3つの条件

(Ⅰ) $a \sim a$ (反射律)
(Ⅱ) $a \sim b$ ならば $b \sim a$ (対称律)
(Ⅲ) $a \sim b, b \sim c$ ならば $a \sim c$ (推移律)

が成り立つとき，**同値律**が成り立つといい，$a \sim b$ のとき a と b とは**同値**であると言います．

一般に同値律の成り立つ関係を**同値関係**と言います．

集合 S の元の間に同値関係が定義されているとき，a と同値な元全体の集合を $C(a)$ とします．すなわち

$$C(a) = \{b | a \sim b, b \in S\}$$

集合 S は $C(a)$ $(a \in S)$ によって類別されることを示しましょう．

そのためには，前節での条件

(ⅰ) $a \in C(a)$
(ⅱ) $b \in C(a)$ ならば $C(a) = C(b)$

が成り立つことを示せばよいことになります．

反射律によって $a \sim a$ ですから，$a \in C(a)$ となり，(ⅰ) は明らかに成り立ちます．次に (ⅱ) が成り立つことを示そう．

$b \in C(a)$ とすると，推移律より，$c \in C(a)$ ならば $c \sim b$ となるので，$C(a) \subset C(b)$

となります.

$a \in C(b)$ なので,a と b の役割を入れ換えることにより,$C(b) \subset C(a)$ であることがわかります.

したがって,$C(a) = C(b)$ が得られ (ii) が示され,a に対応する集合 $C(a)$ によって S が類別されることがわかります.このとき,同値な元のつくる類を**同値類**と言います.

ここで,具体例をあげておきましょう.

$\mathbb{Z}$ を整数全体の集合とします.$a, b \in \mathbb{Z}$ とし,$a - b$ が 2 で割り切れるとき,整数 a と b は 2 を法として合同であるといい,

$$a \equiv b \quad (\mathrm{mod}\ 2)$$

と書きます.

この関係は,3 つの条件

(i) $a \equiv a \pmod 2$
(ii) $a \equiv b \pmod 2 \Rightarrow b \equiv a \pmod 2$
(iii) $a \equiv b \pmod 2, b \equiv c \pmod 2 \Rightarrow a \equiv c \pmod 2$

を満たしますから,同値律が成り立ちます.よって $\mathbb{Z}$ はこの同値関係によって類別されます.

c, d が異なる類に属するときは $c - d$ は 2 で割り切れませんから,上の類別は整数の集合 $\mathbb{Z}$ を偶数,奇数の部分集合に分けたことになります.

このことに関してより一般的な話をしましょう.

いま,$a, b, c \in \mathbb{Z}$ で,n は正の整数とします.$a - b$ が n で割り切れるとき (n の倍数のとき)

$$a \equiv b \quad (\mathrm{mod}\ n)$$

と表し,整数 a と b は n を法として合同であると言います.このとき,

(iv) $a \equiv a \pmod n$
(v) $a \equiv b \pmod n \Rightarrow b \equiv a \pmod n$
(vi) $a \equiv b \pmod n, b \equiv c \pmod n \Rightarrow a \equiv c \pmod n$

が成り立ちます.

(iv),(v) が成り立つことは明らかですから,(vi) の場合のみを示します.

$$a - c = (a - b) + (b - c)$$

ですから，$a-b$ と $b-c$ が n で割り切れるならば $a-c$ も n で割り切れますから，(V) が成り立つことが分かります．

この同値関係によって得られる同値類を n についての**剰余類**あるいは n に関する**剰余類**と言います．

例えば，3 についての剰余類は，3 で割った余り 0, 1, 2 で代表される次の 3 つの場合になります．

0 を含む剰余類 $\{\ldots, -6, -3, 0, 3, 6, \ldots\}$
1 を含む剰余類 $\{\ldots, -5, -2, 1, 4, 7, \ldots\}$
2 を含む剰余類 $\{\ldots, -4, -1, 2, 5, 8, \ldots\}$.

一般に n についての剰余類は，

$$0, 1, 2, \ldots, n-1$$

で代表されます．

〈注〉負の整数を 3 で割ったときの余りの求め方を念のため示しておきましょう．

整数 a と正の整数 b に対して

$$a = bq + r \quad (0 \leqq r < b)$$

を満たす整数 q と r がただ 1 通りに定まります．このとき r を余りと言います．よって，例えば -5 を 3 で割った余りは

$$-5 = 3 \times (-2) + 1$$

より，1 となります．

2.10 部分群の剰余類

ここでは，群 Γ があるとき，Γ の 1 つの部分群 Λ に基づいて，Γ の類別が行われることの話をします．

a を Γ の 1 つの元とし，Λ を Γ の部分群とします．このとき，a の左に Λ に属するすべての元を掛けて得られる元全体の集合を Λa で表し，これを (a を代表とする) Λ

の**右剰余類**と言います．すなわち，$a \in \Gamma$ に対して

$$\Lambda a = \{ha | h \in \Lambda\}$$

を (a を代表とする) Λ の Γ における**右剰余類**と呼びます (Λa を Λ の左剰余類と呼ぶ場合がありますので，他書を読む場合にはその定義に注意しましょう)．

例えば，3 次の対称群

$$S_3 = \{1, (1\ 2\ 3), (1\ 3\ 2), (1\ 2), (2\ 3), (1\ 3)\}$$

において，

$$H = \{1,\ (1\ 2)\}$$

は S_3 の部分群になります．

このとき，$(1\ 2\ 3)$ を代表する H の右剰余類は

$$H(1\ 2\ 3) = \{(1\ 2\ 3), (1\ 2)(1\ 2\ 3)\} = \{(1\ 2\ 3), (2\ 3)\}$$

となります．また，$e \in \Gamma$ を Γ の単位元とすると

$$\Lambda e = \Lambda$$

ですから，Λ 自身も Λ の 1 つの右剰余類となります．さらに次のことが言えます．

命題 2.21. (1) $a, b \in \Gamma$ とする．このとき，$\Lambda a \neq \Lambda b$ ならば，$\Lambda a \cap \Lambda b = \phi$．

(2) $\bigcup_{a \in \Gamma} \Lambda a = \Gamma$．ここに，左辺は Γ の元すべてに対しての右剰余類の和集合を意味する．

証明． (1) $c \in \Lambda a \cap \Lambda b$ とする．$c \in \Lambda a$ であるから，$c = h_1 a$ となる Λ の元 h_1 が存在する．また，$c \in \Lambda b$ であるから，$c = h_2 b$ となる Λ の元 h_2 も存在する．

いま，Λa に属する任意の元 ha をとれば，$h, h_1, h_2 \in \Lambda$ であって，

$$h_a = h h_1^{-1} h_1 a = h h_1^{-1} c = h h_1^{-1} h_2 b = (h h_1^{-1} h_2) b.$$

また，Λ は部分群であるから，$h h_1^{-1} h_2 \in \Lambda$．よって，

$$ha \in \Lambda b$$

2.10 部分群の剰余類

となり，$\Lambda a \subset \Lambda b$ を得る．

同様にして $\Lambda b \subset \Lambda a$ であることもわかるから，$\Lambda a = \Lambda b$ となり，仮定に反する．よって，(1) は成り立つ．

(2)　a を Γ の任意の元とすると，$a \in \Lambda a$ であることから (2) は明らかである．□

命題 2.21 から相異なる 2 つの右剰余類には共通元がないことがわかりますから，Γ の類別が行われたことになります．

さて，右剰余類 Λa に属する任意の元 c をとれば，$c \in \Lambda a \cap \Lambda c$ ですから，$\Lambda a = \Lambda c$ となります．このことから Λa の代表元として，Λa に属する任意の元をとってよいことになります．

相異なる右剰余類が有限個しかない場合は，それらを

$$\Lambda a_1, \Lambda a_2, \ldots, \Lambda a_r$$

とすれば

$$\Gamma = \Lambda a_1 + \Lambda a_2 + \cdots + \Lambda a_r$$

となります．このとき，Γ の右剰余類の個数 r を Λ の Γ における**指数 (index)** といい，$(\Gamma : \Lambda)$ と表します．

例えば，3 次の対称群 S_3 の部分群を $H = \{1, (1\ 2)\}$ とすると，

$$(1\ 2)(2\ 3) = (1\ 2\ 3),\ (1\ 2)(1\ 3) = (1\ 3\ 2)$$

ですから

$$S_3 = H + H(2\ 3) + H(1\ 3)$$

という類別が得られます．したがって，H の S_3 における指数は

$$(S_3 : H) = 3$$

となります．

相異なる Λ の右剰余類が有限個しかない場合を，Λ の**指数が有限の場合**と言うことにします．

実際に類別を行うには，まず Λ に属さない b をとって，Λb を作り，次に Λ にも Λb にも属さない c をとって，Λc を作ります．このことを続ければ類別が得られます．

例えば,置換には偶置換と奇置換しかありませんから,n 次の対称群 S_n は交代群 A_n によって

$$S_n = A_n + A_n(1\ 2)$$

と類別されることがわかります.この場合,もちろん

$$(S_n : A_n) = 2$$

となります.Γ の部分群 Λ について,Γ に属する元 a の右に Λ に属するすべての元を掛けて得られる元の集合を $a\Lambda$ で表し,これを (a を代表とする)Λ の Γ における**左剰余類**と言います.

左剰余類の場合も,相異なる2つの左剰余類は共通元をもたないことが,右剰余類の場合と全く同様にして示すことができますので,左剰余類による Γ の類別ができます.

右剰余類の個数と左剰余類の個数については,剰余類の個数が有限個の場合には次が成り立ちます.

定理 2.22. Λ は群 Γ の部分群とする.このとき,Λ の右剰余類の個数が r で

$$\Gamma = \Lambda a_1 + \Lambda a_2 + \cdots + \Lambda a_r$$

であるならば

$$\Gamma = a_1^{-1}\Lambda + a_2^{-1}\Lambda + \cdots + a_r^{-1}\Lambda$$

であって,Λ の左剰余類の個数は右剰余類の個数に等しい.

証明. Γ の任意の元 b の逆元 b^{-1} はどれかの右剰余類に属するから,いま,$b^{-1} \in \Lambda a_i$ とする.このとき,

$$b^{-1} = ha_i$$

となる Λ の元 h が存在する.ところで,

$$b = (b^{-1})^{-1} = (ha_i)^{-1} = a_i^{-1}h^{-1}$$

2.10 部分群の剰余類

であり，$h^{-1} \in \Lambda$ であるから，$b \in a_i^{-1}\Lambda$ である．したがって，

$$\Gamma = a_1^{-1}\Lambda \cup a_2^{-1}\Lambda \cup \cdots \cup a_r^{-1}\Lambda$$

あとは，$a_1^{-1}\Lambda, a_2^{-1}\Lambda, \ldots, a_r^{-1}\Lambda$ のうちのどの2つも共通な元を持たないことを示せば証明は完了する．

$$c \in a_i^{-1}\Lambda \cap a_j^{-1}\Lambda \quad (i \neq j)$$

とする．このとき，$c \in a_i^{-1}\Lambda$ かつ $c \in a_j^{-1}\Lambda$ であるから，

$$c = a_i^{-1}h_1 = a_j^{-1}h_2$$

となる Λ の元 h_1, h_2 が存在する．このとき，

$$\Lambda a_i \ni h_1^{-1}a_i = (a_i^{-1}h_1)^{-1} = (a_j^{-1}h_2)^{-1} = h_2^{-1}a_j \in \Lambda a_j$$

となる．これは Λa_i と Λa_j に共通な元になることを示している．

よって，Λa_i と Λa_j は相異なるという仮定に反する．これで定理の証明は完了した． □

3次の対称群 S_3 の部分群を $H = \{1, (1\ 2)\}$ とするとき，

$$S_3 = H + H(2\ 3) + H(1\ 3)$$

であることはすでに示しました．よって，H の左剰余類は，定理2.22より

$$S_3 = H + (2\ 3)^{-1}H + (1\ 3)^{-1}H = H + (2\ 3)H + (1\ 3)H$$

となります．

Λ を有限群 Γ の部分群とし，位数をそれぞれ m, n とします．また，$h, h' \in \Lambda, a \in \Gamma$ とします．

$h \neq h'$ ならば，$ha \neq h'a$ ですから，各右剰余類 Λa に含まれる元の個数は m になります．

よって，右剰余類 (左剰余類) の個数を r とすれば

$$n = mr \qquad \text{①}$$

となります．よって，①より

$$|\Gamma| = (\Gamma : \Lambda)|\Lambda| \qquad \text{②}$$

が得られます．この等式は，しばしば**ラグランジュ (Lagrange) の定理**と呼ばれています．

このことから，有限群論で最も基本的な定理として知られている次が得られたことになります．

定理 2.23 (ラグランジュ (Lagrange))**.** 有限群 Γ の部分群 Λ の位数は Γ の位数の約数である．

この定理も**ラグランジュの定理**と呼ぶことにします．

Γ は群で，$a \in \Gamma$ とします．もし $a^n = e$ となるような正の整数 n が存在すれば，その中で最小のものを**元 a の位数**と言います．

言い換えれば，群 Γ に属する元 a を生成元とする群が有限群のとき，この群の位数が元 a の位数ということになります．

単位元 e の位数は 1 で，しかも単位元は位数が 1 のただ 1 つの元になります．

もし，$a^n = e$ となるような正の整数がないときは，a **の位数は無限大**と言います．例えば，群 $\mathbb{Z}$ の元の位数は無限大になります．

元の位数については，ラグランジュの定理 (定理 2.23) から次のことが言えます．

系 2.24. 有限群 Γ に属する元 a の位数は Γ の位数の約数である．

証明． $\Lambda = \langle a \rangle$ とおくと，Λ は Γ の部分群になる．よって，ラグランジュの定理より Λ の位数は Γ の位数の約数である．Λ の位数は Γ の元 a の位数であるから，元 a の位数は Γ の位数の約数である． □

ここで，定理 2.23, 系 2.24 に関する応用例を紹介しておきましょう．

例 2.6. 位数 4 の群をすべて求めてみよう．

Γ は位数 4 の群とします．Γ が位数 4 の元 a を含めば，Γ は a から生成される巡回群です．すなわち，$\Gamma = \langle a \rangle$ となります．

Γ が位数 4 の元を含まないならば，系 2.24 より，Γ の単位元 e 以外の元の位数は 2

です．よって，Γ の各元 a について

$$a^2 = e, \ a = a^{-1}$$

となります．このことから，

$$ab = (ab)^{-1} = b^{-1}a^{-1} = ba$$

が得られるから，Γ は可換群になります．

いま，Γ の e 以外の 3 つの元を a, b, c とすると，ab は e, a, b のどれとも異なるから，$ab = c$ となり

$$ab = ba = c, \ bc = cb = a, \ ca = ac = b$$

が成り立ちます．

よって，求める群は，位数 4 の巡回群か，単位元以外の元の位数が 2 となる可換群（アーベル群）で，第 2 章 2.2 節で紹介した「クラインの 4 元群」に一致します．

ここで，元の位数に関する定理を 2 つほど述べましょう．なお，正の整数 a, b の最大公約数を (a, b) で表し，b は a の倍数であることを $a|b$ で表します．

定理 2.25. 可換群 Γ の 2 つの元 a, b の位数がそれぞれ m, n で，$(m, n) = 1$ ならば元 ab の位数は mn である．

証明． 群 Γ の単位元を e とする．

最初に $(ab)^{mn} = e$ であることを示す．Γ は可換群であるから，

$$(ab)^{mn} = a^{mn}b^{mn} = (a^m)^n(b^n)^m = e^n e^m = e.$$

次に，mn は $(ab)^r = e$ を満たす自然数 r のうち最小の正の整数であることを示す．そこで，$(ab)^r = e$ とする．Γ は可換群であるから，

$$a^r b^r = e \ \text{よって，} \ a^r = (b^{-1})^r.$$

m 乗すると

$$(b^{-1})^{rm} = (a^r)^m = (a^m)^r = e^r = e.$$

したがって,
$$(b^{-1})^{rm} = e \quad \text{すなわち} \quad b^{rm} = e.$$

b の位数は n であるから, n|rm. ここで, $(m,n) = 1$ であることに注意すれば, n|r. 同様にして, m|r も得ることができるから, $mn \leq r$. このことは, 元 ab の位数が mn であることを示している. □

定理 2.26. 可換群 Γ の 2 つの元 a, b の位数がそれぞれ m, n とする. このとき, m と n の最小公倍数を ℓ とするならば, Γ に位数 ℓ の元が存在する.

証明. m, n を素因数分解して
$$m = p_1^{e_1} \cdots p_r^{e_r} p_{r+1}^{f_1} \cdots p_{r+s}^{f_s} \quad (0 \leq e_i, f_i),$$
$$n = p_1^{h_1} \cdots p_r^{h_r} p_{r+1}^{k_1} \cdots p_{r+s}^{k_s} \quad (0 \leq h_i, k_i),$$
$$(h_1 \leq e_1, \ldots, h_r \leq e_r, \ f_1 \leq k_1, \ldots, f_s \leq k_s)$$

となるように表現することができる. このとき, m と n の最小公倍数 ℓ は
$$\ell = p_1^{e_1} \cdots p_r^{e_r} p_{r+1}^{k_1} \cdots p_{r+s}^{k_s}$$

となる. そこで,
$$m_1 = p_1^{e_1} \cdots p_r^{e_r}, \quad m_2 = p_{r+1}^{f_1} \cdots p_{r+s}^{f_s},$$
$$n_1 = p_1^{h_1} \cdots p_r^{h_r}, \quad n_2 = p_{r+1}^{k_1} \cdots p_{r+s}^{k_s}$$

とおけば,
$$m = m_1 \cdot m_2, \quad n = n_1 \cdot n_2, \quad \ell = m_1 \cdot n_2.$$

ここで, $a_1 = a^{m_2}, b_1 = b^{n_1}$ とおけば, a_1, b_1 の位数は m_1, n_2 である. $(m_1, n_2) = 1$ であるから, 定理 2.25 より, 元 $a_1 b_1$ の位数は $m_1 \cdot n_2 = \ell$ である. □

2.11 共役類, 中心化群, 正規部分群

2.11 共役類，中心化群，正規部分群

ここも，群の類別の話になります．

群 Γ の元 a, b に対して，$h \in \Gamma$ があり

$$b = hah^{-1}$$

となるとき，**a** と **b** は共役あるいは **b** は **a** に共役であると言います．また，b を a の共役元と言います．

共役という関係に対して

(i) $eae^{-1} = a$
(ii) $b = hah^{-1}$ $\Rightarrow$ $a = h^{-1}b(h^{-1})^{-1}$
(iii) $b = hah^{-1}, c = kbk^{-1}$ $\Rightarrow$ $c = kha(kh)^{-1}$

が成り立ちますから，共役という関係は同値関係になります．

よって，Γ をこれによって類別することができます．そこで，a と共役なすべての元の集合を，元 a の共役類あるいは元 a の代表する共役類といい，$C(a)$ で表します．

単位元 e は，任意の元 a に対して，$aea^{-1} = e$ ですから，単位元 1 つだけで 1 つの共役類を作ります．すなわち，$C(e) = e$ となります．

ここで例をあげましょう．

例 2.7. 3 次の対称群 S_3 を共役類に類別することを考えてみましょう．

$S_3 = \{1, (1\ 2\ 3), (1\ 3\ 2), (1\ 2), (2\ 3), (1\ 3)\}$ において，

$(1\ 2\ 3)^{-1} = (1\ 3\ 2),\ (1\ 3\ 2)^{-1} = (1\ 2\ 3),\ (1\ 2)^{-1} = (1\ 2),\ (2\ 3)^{-1} = (2\ 3),$
$$(1\ 3)^{-1} = (1\ 3)$$

ですから，

$$(1\ 2\ 3) = (1\ 2)(1\ 3\ 2)(1\ 2)^{-1},\ (2\ 3) = (1\ 3\ 2)(1\ 2)(1\ 3\ 2)^{-1},$$
$$(1\ 3) = (1\ 2\ 3)(1\ 2)(1\ 2\ 3)^{-1}$$

が得られます．恒等置換 1 は 1 つだけで 1 つの共役類を作るから，S_3 は

$$\{1\},\ \{(1\ 2), (2\ 3), (1\ 3)\},\ \{(1\ 2\ 3), (1\ 3\ 2)\}$$

と類別できます．よって，3 つの類の代表元を $1, (1\ 2), (1\ 2\ 3)$ とすると

$$S_3 = C(1) + C(1\ 2) + C(1\ 2\ 3)$$

と書くことができます．

群 Γ の 1 つの共役類に属する元がただ 1 つのとき,その元を a とすると,Γ のすべての元 h に対して

$$a = hah^{-1} \text{ すなわち } ah = ha$$

が成り立ちます.

このとき,元 a は Γ のすべての元と交換可能であると言います.

群 Γ に属するすべての元と交換可能である元の集合を **Γ の中心 (center)** といい,$Z(\Gamma)$ で表します.

Γ の中心は,1 つの元だけで共役類となるような元の集合になります.

Γ が可換群ならば,Γ の任意の元 a, b に対して

$$ab = ba \text{ すなわち } a = bab^{-1},$$

が成り立ちますから,Γ に属するすべての元は 1 つだけで共役類を作ります.よって,Γ の中心は Γ に一致します.このことを定理として述べておきましょう.なお,$Z(\Gamma)$ が Γ の部分群であることは容易に確かめることができます.

定理 2.27. Γ が可換群ならば,Γ の中心は Γ 自身である.

次に,群 Γ の任意の元との交換可能を考えるのではなく,群 Γ の部分集合 Λ を考え,Λ に属するすべての元と交換可能であるような Γ のすべての元の集合は,Γ の部分群になります.

この部分群を**部分集合 Λ の中心化群**といい,$Z_\Gamma(\Lambda)$ と表します.$\Lambda = \Gamma$ のときは,Γ の中心になります.

Λ がただ 1 つの元の集合としましょう.いま,それを $\Lambda = \{a\}$ とするとき,この中心化群を**元 a の中心化群**といい,$Z_\Gamma(a)$ で表します.話の中で Γ に関して混乱の恐れがない場合は単に $Z(a)$ で表します.

ここで,$\Gamma = S_3$ において,互換 $(1\ 2)$ の中心化群 $Z((1\ 2))$ を求めてみましょう.

例 2.7 から

$$1(1\ 2) = (1\ 2)1,\ (1\ 2)(1\ 2) = (1\ 2)(1\ 2)$$

の場合しかないことがわかりますから

$$Z((1\ 2)) = \{1, (1\ 2)\}$$

2.11 共役類，中心化群，正規部分群

となります．

これから述べる正規部分群の概念は，群論全体で，いやもっと広く代数学全体で最も重要な概念の 1 つであると言っても過言ではないでしょう．

では，早速定義の話に入りましょう．

群 Γ の部分群 Λ で，すべての元 $a \in \Gamma$ に対して

$$a\Lambda a^{-1} = \Lambda \qquad (*)$$

が成り立つとき，Λ を Γ の**正規部分群 (normal subgroup)** あるいは**不変部分群**といい，$\Lambda \triangleleft \Gamma$ あるいは $\Gamma \triangleright \Lambda$ と書きます．

この定義からただちに次が得られます．

定理 2.28. Λ を群 Γ の部分群とする．このとき Λ が群 Γ の正規部分群であるための必要十分条件は，すべての $a \in \Gamma$ に対して

$$a\Lambda = \Lambda a$$

となることである．

証明． $\Lambda \triangleleft \Gamma$ ならば，すべての元 $a \in \Gamma$ に対して，$a\Lambda a^{-1} = \Lambda$ であるから，

$$\Lambda a = (a\Lambda a^{-1})a = a\Lambda.$$

また，Γ のすべての元 a について，$a\Lambda = \Lambda a$ ならば

$$a\Lambda a^{-1} = (\Lambda a)a^{-1} = \Lambda.$$

よって，Λ は Γ の正規部分群である． □

定理 2.28 を正規部分群の定義として採用している場合も，もちろんあります．また，正規部分群の定義を見かけ上弱めた，次の条件を定義として採用している場合もしばしば見受けられます．

定理 2.29. Λ を群 Γ の部分群とする．このとき Λ が群 Γ の正規部分群であるための必要十分条件は，すべての $a \in \Gamma, h \in \Lambda$ に対して

$$aha^{-1} \in \Lambda$$

となることである．

証明． 定義の条件 (∗) より必要条件は明らかである．十分条件のみを示せばよい．

すべての $a \in \Gamma, h \in \Lambda$ に対して $aha^{-1} \in \Lambda$ が成り立つとする．いま，a の代わりに a^{-1} とおくと

$$a^{-1}h(a^{-1})^{-1} = a^{-1}ha \in \Lambda.$$

よって，

$$h = a(a^{-1}ha)a^{-1} \in a\Lambda a^{-1}.$$

したがって，

$$\Lambda \subset a\Lambda a^{-1}.$$

よって，$a\Lambda a^{-1} = \Lambda$ となり，$\Lambda \triangleleft \Gamma$ である． □

定理 2.29 の条件を，すべての $a \in \Gamma$ に対して

$$a\Lambda a^{-1} \subset \Lambda$$

と書いてもかまいません．

以上のことから，Λ が群 Γ の正規部分群であることを示すには，次の 3 つのいずれか 1 つを示せばよいことになります．

(1) $a\Lambda a^{-1} = \Lambda$ (2) $a\Lambda = \Lambda a$ (3) $a\Lambda a^{-1} \subset \Lambda$

ここで，正規部分群の例をあげておきましょう．

例 2.8. (1) $\Gamma = \mathbb{R}^* (= \mathbb{R} - \{0\})$ を通常の積による群とし，$\Lambda = \{1, -1\}$ とするならば，$\Lambda \triangleleft \Gamma$.
(2) A_n, S_n をそれぞれ n 次の交代群，対称群とするならば，$A_n \triangleleft S_n$.
ほぼ明らかな事実なのですが念のため証明をつけておきましょう．

2.11 共役類，中心化群，正規部分群

例 2.8 の証明. (1) すべての $a \in \Gamma$ に対して，
$$a\Lambda a^{-1} = a\{1, -1\}a^{-1} = \{aa^{-1}, -aa^{-1}\} = \Lambda$$
となるから，$\Lambda \triangleleft \Gamma$.

(2) 対称群 S_n において，1 つの奇置換 p をとれば，交代群の右剰余類は A_n と $A_n p$ だけである．また A_n の左剰余類は A_n と pA_n のみである．

よって，
$$S_n = A_n + A_n p = A_n + pA_n.$$
ゆえに，
$$A_n p = pA_n.$$
したがって，$A_n \triangleleft S_n$. □

例 2.9. Γ が可換群ならば，Γ の任意の部分群は正規部分群になります．なぜなら，Γ が可換群ならば，群の演算は，右側から掛けても，左側から掛けてもよいので，Γ の任意の元 a と，Γ の任意の部分群 Λ に対して，
$$a\Lambda = \Lambda a$$
が成り立つからです．

ここで，正規部分群に関する性質についていくつかふれておきましょう．

定理 2.30. (1) 群 Γ の中心 $Z(\Gamma)$ は，Γ の正規部分群である．
(2) 群 Γ の指数 2 の部分群は正規部分群である．
(3) M, N を群 Γ の正規部分群とするならば，共通部分 $M \cap N$ も Γ の正規部分群である．

証明. (1) 中心 $Z(\Gamma)$ は群 Γ の部分群であるから，$Z(\Gamma) \triangleleft \Gamma$ を示せばよい．

$c \in Z(\Gamma)$ に対して，$aca^{-1} = c$ $(a \in \Gamma)$ であるから，$aZ(\Gamma)a^{-1} = Z(\Gamma)$ となり，$Z(\Gamma)$ は Γ の正規部分群であることがわかる．

(2) Λ を群 Γ の指数 2 の部分群とする．$a \notin \Lambda$ とすると，$\Lambda \neq \Lambda a$, $\Lambda \neq a\Lambda$ で，指数が 2 であるから，
$$\Gamma = \Lambda + \Lambda a = \Lambda + a\Lambda.$$

したがって，$\Lambda a = a\Lambda$. $a \in \Lambda$ のときは，明らかに $a\Lambda = \Lambda = \Lambda a$. よって，$\Lambda \triangleleft \Gamma$.
(3) 定理 2.11 より，$M \cap N$ は部分群であるから，$M \cap N \triangleleft \Gamma$ を示せばよい．$M \triangleleft \Gamma$, $N \triangleleft \Gamma$ であるから，任意の $a \in \Gamma$ に対して，

$$aMa^{-1} = M, \quad aNa^{-1} = N$$

である．このとき，明らかに

$$a(M \cap N)a^{-1} \subset aMa^{-1} \cap aNa^{-1} = M \cap N$$

は成り立つから，

$$M \cap N = aMa^{-1} \cap aNa^{-1} \subset a(M \cap N)a^{-1}$$

を示すことができれば，

$$a(M \cap N)a^{-1} = M \cap N$$

となり，$M \cap N \triangleleft \Gamma$ であることがわかる．
いま，

$$c \in aMa^{-1} \cap aNa^{-1}$$

とし，$c = aha^{-1}$ とおくと，$h \in M \cap N$ である．
よって，

$$c = aha^{-1} \in a(M \cap N)a^{-1}$$

となり，

$$M \cap N = aMa^{-1} \cap aNa^{-1} \subset a(M \cap N)a^{-1}$$

が得られる．これで (3) の証明は完了した． □

定理 2.31. M, N は群 Γ の部分群で，N は Γ の正規部分群とする．このとき，次の (1)，(2) が成り立つ．

(1) MN は Γ の部分群となり，$NM = MN$ である．
(2) M が正規部分群ならば，MN も正規部分群である．

証明. (1) 最初に部分群であることを示す. e_Γ を Γ の単位元とすると, $e_\Gamma \in M, N$ なので, $e_\Gamma e_\Gamma \in MN$. また, $m_1, m_2 \in M, n_1, n_2 \in N$ とすると, $N \triangleleft \Gamma$ より, $a \in \Gamma$ なら $aN = Na$ が成り立つから,

$$(m_1 n_1)(m_2 n_2) \in m_1 N m_2 N = m_1 m_2 NN \subset MN.$$

したがって, MN は積に関して閉じている. あとは, $(mn)^{-1} \in MN$ を示せばよい.

$$(mn)^{-1} = n^{-1} m^{-1} \in N m^{-1} = m^{-1} N \subset MN.$$

これで, MN は Γ の部分群であることが示された.
また, $m \in M$ なら $mN = Nm$ なので, $MN = NM$.
(2) $M \triangleleft \Gamma, N \triangleleft \Gamma$ ならば, $a \in \Gamma$ に対して

$$a(MN)a^{-1} = (a(M)a^{-1})(a(N)a^{-1}) = MN.$$

よって, $MN \triangleleft \Gamma$. □

2.12 共役な部分群

群 Γ の部分群 Λ と Γ に属する 1 つの元 a があるとき, Λ に属するすべての元の左に a を掛けて右に a^{-1} を掛けて得られるすべての元の集合を

$$a \Lambda a^{-1}$$

で表します.
このとき, $a\Lambda a^{-1}$ は Γ の部分群になります. これを Γ の**元 a によって変換された Λ に共役な部分群**あるいは単に **Λ と共役な部分群**と言います.
ここで例をあげておきましょう.

例 2.10. 3 次の対称群 $S_3 = \{1, (1\ 2\ 3), (1\ 3\ 2), (1\ 2), (1\ 3), (2\ 3)\}$ の部分群として 3 次の交代群 $A_3 = \{1, (1\ 2\ 3), (1\ 3\ 2)\}$ を考えます.
このとき, $(1\ 2) \in S_3$ によって変換された A_3 の共役な部分群は

$$\begin{aligned}(1\ 2)A_3(1\ 2)^{-1} &= \{(1\ 2)(1\ 2)^{-1}, (1\ 2)(1\ 2\ 3)(1\ 2)^{-1}, (1\ 2)(1\ 3\ 2)(1\ 2)^{-1}\} \\ &= \{1, (1\ 3\ 2), (1\ 2\ 3)\} = A_3\end{aligned}$$

ですから，A_3 の共役な部分群は自分自身となります．

　もう察しがつくと思いますが，群 Γ の部分群 Λ に共役な部分群が Λ 以外にないとき，Λ は Γ の正規部分群になることが，正規部分群の定義からわかります．
　ここで，共役部分群の簡単な性質について述べておきましょう．

定理 2.32. 有限群 Γ の部分群 Λ については，次が成り立つ．

(1) Λ に共役な部分群の位数は Λ の位数に等しい．
(2) Λ の指数と Λ に共役な部分群の指数は等しい．

証明. (1) Λ の位数を n として，Λ に属するすべての元を

$$h_1, h_2, \ldots, h_n$$

とする．Γ に属する 1 つの元 a をとるとき，$ah_1a^{-1}, ah_2a^{-1}, \ldots, ah_na^{-1}$ は Λ に共役な部分群 $a\Lambda a^{-1}$ を作る．ここで，これらの元が相異なることを示す．

$$ah_ia^{-1} = ah_ja^{-1}$$

とすると，

$$h_i = a^{-1}(ah_ia^{-1})a = a^{-1}(ah_ja^{-1})a = h_j$$

であるから，$ah_1a^{-1}, ah_2a^{-1}, \ldots, ah_na^{-1}$ は相異なることがわかる．よって，Λ に共役な部分群の位数は Λ の位数に等しい．
(2) Γ の位数を m とすると，Λ の Γ における指数は，ラグランジュの定理より，m/n である．一方，$a\Lambda a^{-1}$ の Γ における指数も (1) より m/n であるから，両者の指数は一致する． □

2.13 剰余群

2.13 剰余群

Λ が群 Γ の正規部分群ならば,任意の $a \in \Gamma$ に対して

$$a\Lambda = \Lambda a$$

が成り立ちますから,$\Lambda \triangleleft \Gamma$ ならば,左剰余類と右剰余類の区別は必要なくなります.そこで,以後剰余類と言えば,右剰余類を意味することとします.

Λ は群 Γ の正規部分群とします.Λ によるすべての剰余類の集合を $\overline{\Gamma}$ で表します.

例えば,$\Lambda \triangleleft \Gamma$ で,$\Gamma = \{a, b, c, \ldots\}$ のときは,$\overline{\Gamma} = \{\Lambda a, \Lambda b, \Lambda c, \ldots\}$ となります.

2つの剰余類 Λa と Λb の積を Λab と定めます.すなわち,

$$\Lambda a \Lambda b = \Lambda ab$$

とします.

このように定めた演算が一意に決まるかどうかを調べる必要があります.以下,それを確かめます.

$h_1 a, h_2 b$ をそれぞれ $\Lambda a, \Lambda b$ の任意の元とします.このとき,$h_1, h_2 \in \Lambda$ で,$h_1 a$ と $h_2 b$ の積は

$$h_1 a h_2 b = h_1 a h_2 a^{-1} ab$$

と書くことができます.$\Lambda \triangleleft \Gamma$ ですから,$a h_2 a^{-1} \in \Lambda$ となります.よって,

$$h_1 a h_2 a^{-1} \in \Lambda$$

となります.このことから,

$$h_1 a h_2 b = h_1 a h_2 a^{-1} ab \in \Lambda ab$$

であることがわかります.

このことは,Λa に属する任意の元と Λb に属する任意の元の積は,つねに Λab に属することを意味しています.

逆に,Λab に属する任意の元 hab については,

$$ha \in \Lambda a, \; b \in \Lambda b$$

ですから,Λab に属する元はすべて Λa と Λb に属する元の積であることがわかります.

上記より,Λab は Λa に属する元と Λb に属する元の積であるようなすべての元の集合であることがわかります.

第 2 章 群論の基礎

このことから，剰余類の元の選び方に関係なく，演算の一意性が成り立つことがわかります．

選んだ元をその剰余類の**代表元**と言います．

〈注〉もし Λ が群 Γ の正規部分群でない部分群とすると，上記で定めた演算について一意性は成り立ちません．

と言うのは，$\Lambda \triangleleft \Gamma$ でないから，aha^{-1} が Λ に属さないような $a \in \Gamma$ と $h \in \Lambda$ があって，$\Lambda a^{-1} = \Lambda h a^{-1}$ ですから，

$$\Lambda a \Lambda a^{-1} = \Lambda a a^{-1} = \Lambda e = \Lambda,$$
$$\Lambda a \Lambda a^{-1} = \Lambda a \Lambda h a^{-1} = \Lambda a h a^{-1}$$

となります．ところが，$aha^{-1} \notin \Lambda$ ですから，Λ と $\Lambda a h a^{-1}$ は異なる右剰余になり，Λa と Λa^{-1} の積は一通りに定まらないからです．

定理 2.33. Γ は群で Λ は Γ の正規部分群とする．このとき，$\overline{\Gamma}$ は，上の定めた演算により，群を作る．

証明． 積に関して閉じていることは，上記から明らかであるから，結合法則が成り立つことと，単位元，逆元の存在を示せばよい．

$$(\Lambda a \Lambda b) \Lambda c = (\Lambda ab) \Lambda c = \Lambda abc,$$
$$\Lambda a (\Lambda b \Lambda c) = \Lambda a (\Lambda bc) = \Lambda abc.$$

よって，結合法則は成り立つ．また，

$$\Lambda e \Lambda a = \Lambda e a = \Lambda a, \quad \Lambda a \Lambda e = \Lambda a e = \Lambda a$$

より，Λe が単位元であることがわかる．

次に，

$$\Lambda a \Lambda a^{-1} = \Lambda a a^{-1} = \Lambda e = \Lambda,$$
$$\Lambda a^{-1} \Lambda a = \Lambda a^{-1} a = \Lambda e = \Lambda$$

より，Λa^{-1} が Λa の逆元であることもわかる．

以上から，$\overline{\Gamma}$ は群を作る． □

2.13 剰余群

定理 2.33 で得られた群 $\overline{\Gamma}$ を,群 Γ の正規部分群 Λ による**剰余群 (factor group)** あるいは**商群 (quotient group)** といい,Γ/Λ であらわします.

上記の注意から**剰余群が定義できるのは,部分群が正規部分群のみのとき**であることに注意する必要があります.

ここで,例をあげておきましょう.

例 2.11. $\Gamma = S_3, \Lambda = A_3 = \{1, (1\ 2\ 3), (1\ 3\ 2)\}$ とするとき剰余群 Γ/Λ が作れるかどうかを考えてみましょう.

Λ は Γ の正規部分群であるから,剰余群 Γ/Λ が作れます.

$$(1\ 2\ 3)(1\ 2) = (1\ 3),\ (1\ 2\ 3)(1\ 3) = (2\ 3),\ (1\ 2\ 3)(2\ 3) = (1\ 2),$$
$$(1\ 3\ 2)(1\ 2) = (2\ 3),\ (1\ 3\ 2)(1\ 3) = (1\ 2),\ (1\ 3\ 2)(2\ 3) = (1\ 3)$$

ですから,

$$\Gamma/\Lambda = \{\Lambda, \Lambda(1\ 2)\}.$$

ところで,Γ/Λ において

$$\Lambda\Lambda(1\ 2) = \Lambda(1\ 2),\ \Lambda(1\ 2)\Lambda(1\ 2) = \Lambda(1\ 2)(1\ 2) = \Lambda$$

となりますから,

$$\Gamma/\Lambda = \langle \Lambda(1\ 2) \rangle.$$

すなわち,Γ/Λ は $\Lambda(1\ 2)$ により生成される 2 次の巡回群であることが分ります.

次に,2.9 節で学んだ剰余類について考えてみます.

正の整数 q の倍数全体の集合 $q\mathbb{Z}$ は,整数全体の集合が作る加法群 $\mathbb{Z}$ の部分群になります.

$\mathbb{Z}$ は可換群ですから $q\mathbb{Z}$ は $\mathbb{Z}$ の正規部分群になります.よって,剰余群 $\mathbb{Z}/q\mathbb{Z}$ を考えることができます.

当然のことですが,このときの演算は

$$(q\mathbb{Z} + a) + (q\mathbb{Z} + b) = q\mathbb{Z} + a + b$$

となります.単位元は $q\mathbb{Z}$ で,$q\mathbb{Z} + a$ の逆元は $q\mathbb{Z} + q - a$ となります.

このようにして得られた剰余群 $\mathbb{Z}/q\mathbb{Z}$ は**法 q に関する剰余類の加法群**と呼ばれています.

$\mathbb{Z}/q\mathbb{Z}$ は 2.2 節の 5° で紹介した群

$$\mathbb{Z}_q = \{0, 1, 2, \ldots, q-1\}$$

と，$q\mathbb{Z} + a$ に $\mathbb{Z}_q$ の元 a を対応させることにより，1 対 1 対応することがわかります．また，対応する元どうしの演算も対応します．

例えば，$q\mathbb{Z} + 1 \leftrightarrow 1$, $q\mathbb{Z} + 2 \leftrightarrow 2$ のときは，

$$(q\mathbb{Z} + 1) + (q\mathbb{Z} + 2) = q\mathbb{Z} + 3 \leftrightarrow 1 + 2 = 3$$

のように対応します．

このようなことから，$\mathbb{Z}/q\mathbb{Z}$ と $\mathbb{Z}_q$ は群として同じものと見なすことができます．

そこで，剰余群 $\mathbb{Z}/q\mathbb{Z}$ において a を含む剰余類 $a + q\mathbb{Z}$ を $\bar{a}$ で表すと

$$\mathbb{Z}/q\mathbb{Z} = \{\bar{0}, \bar{1}, \bar{2}, \ldots, \overline{q-1}\}$$

と書くことができます．これにより，より明確に $\mathbb{Z}_q$ と $\mathbb{Z}/q\mathbb{Z}$ が群として同じものと思うことができます．

(後で述べる同型という概念を用いると $\mathbb{Z}/q\mathbb{Z}$ と $\mathbb{Z}_q$ は同型と言うことになります).

2.14　交換子群，可解群

ここでは，直接にはラマヌジャングラフの構成には関係しないのですが，群論において外すことができない可解群について簡単に触れることにします．そのために交換子群の話からはじめます．

群 Γ の任意の 2 つの元 a, b に対して $aba^{-1}b^{-1}$ を a と b の**交換子**といい，$[a, b]$ で表します．この定義から，ただちに次が得られます．

命題 2.34. a, b は群 Γ の任意の元とする．このとき，次が成り立つ．

(1) $ab = [a, b]ba$

(2) $[a, b]^{-1} = [b, a]$

2.14 交換子群,可解群

証明. (1) $[a,b]ba = aba^{-1}b^{-1}ba = ab$.
(2) $[a,b]^{-1} = (aba^{-1}b^{-1})^{-1} = (a^{-1}b^{-1})^{-1}(ab)^{-1}$
$= bab^{-1}a^{-1} = [b,a]$. □

上記の命題の (1) より

$$ab = ba \quad \Leftrightarrow \quad [a,b] = e$$

であることがわかります.

次に交換子群の定義に移ります.

群 Γ のすべての交換子で生成される部分群を Γ の**交換子群**といい,$[\Gamma,\Gamma]$ あるいは $D(\Gamma)$ で表します.

この定義から,$D(\Gamma)$ の任意の元は有限個の交換子の積で表されることがわかります.

ここで定義された交換子群は,群の構造を調べる上で重要な役割を果たします.

では,交換子群の基本的な性質について述べましょう.

定理 2.35. Γ は群とする.このとき,次が成り立つ.

(1) Γ の交換子群 $D(\Gamma)$ は Γ の正規部分群である.
(2) 剰余群 $\Gamma/D(\Gamma)$ は可換群である.
(3) Λ が Γ の正規部分群で,剰余群 Γ/Λ が可換群ならば,Λ は $D(\Gamma)$ を含む.

証明. (1) $g \in \Gamma$ とし,q は交換子で $q = aba^{-1}b^{-1}$ ($a, b \in \Gamma$) とする.このとき,

$$gqg^{-1} = g(aba^{-1}b^{-1})g^{-1} = gag^{-1}gbg^{-1}ga^{-1}g^{-1}gb^{-1}g^{-1}$$
$$= (gag^{-1})(gbg^{-1})(gag^{-1})^{-1}(gbg^{-1})^{-1}$$

となるから,gqg^{-1} は交換子である.

$D(\Gamma)$ の任意の元 d は交換子の積で表されるから,一般性を失うことなく,$d = q_1 q_2 \ldots q_m$ としてよい.ここに,$q_1, q_2, \ldots q_m$ は交換子である.

交換子の積 d と任意の $g \in \Gamma$ に対して

$$gdg^{-1} = g(q_1 q_2 \ldots q_m)g^{-1} = (gq_1 g^{-1})(gq_2 g^{-1}) \ldots (gq_m g^{-1})$$

となることから,

$$gdg^{-1} \in D(\Gamma)$$

であることがわかる．よって，定理 2.29 より，$D(\Gamma)$ は Γ の正規部分群である．
(2) $D(\Gamma)$ を D と略記する．Γ/D において，剰余群の演算の定義より，

$$(Da)(Db)(Da)^{-1}(Db)^{-1} = Daba^{-1}b^{-1} = D.$$

D は Γ/D における単位元であるから，

$$DaDb = DbDa$$

となり，Da と Db は可換である．よって，Γ/D は可換群である．
(3) 　Γ/Λ が可換群ならば，$a, b \in \Gamma$ に対して

$$\Lambda = (\Lambda a)(\Lambda a)^{-1}(\Lambda b)(\Lambda b)^{-1} = (\Lambda a)(\Lambda b)(\Lambda a)^{-1}(\Lambda b)^{-1} = \Lambda aba^{-1}b^{-1}.$$

よって，任意の交換子 $aba^{-1}b^{-1}$ は Λ に含まれる．したがって，$D(\Gamma) \subset \Lambda$. 　□

この定理の (3) から，$D(\Gamma)$ は剰余群が可換群となるような正規部分群のうちで最小な群であることがわかります．

ここで，n 次の対称群 S_n の交換子群を求めてみましょう．そのために，補題を用意します．

補題 2.36. n 次の交代群 A_n は長さ 3 の巡回置換によって生成される．

証明． 長さ 3 の巡回置換 $(i\ j\ k)$ は

$$(i\ j\ k) = (i\ j)(j\ k)$$

と書けるから，偶置換で A_n に含まれる．

一方，偶数個の互換の積は A_n の元であり，偶数個の互換の積は $(i\ j)(k\ \ell)$ という形の有限個の積である．したがって，このような元が長さ 3 の巡回置換の有限個の積であることを示せばよい．

$i = k$, $j \neq \ell$ ならば $(i\ j)(k\ \ell) = (i\ \ell\ j)$，$i = k$, $j = \ell$ ならば $(i\ j)(k\ \ell) = 1$．あとは，2 つの文字に共通する文字がない場合を考えればよい．$\{i, j\} \cap \{k, \ell\} = \phi$ ならば，$(i\ j)$ と $(k\ \ell)$ の間に $(j\ k)(j\ k)$ を入れると

$$(i\ j)(k\ \ell) = (i\ j)(j\ k)(j\ k)(k\ \ell) = (i\ j\ k)(j\ k\ \ell)$$

となり，長さ 3 の巡回置換の積で表される．したがって，A_n は長さ 3 の巡回置換によって生成される．　□

2.14 交換子群，可解群

定理 2.37. 対称群 S_n の交換子群は A_n に一致する．

証明． 例 2.8 より剰余群 S_n/A_n は位数 2 の巡回群であることがわかるから，可換群となる．また A_n は S_n の正規部分群であるから，定理 2.35(3) より $D(S_n) \subset A_n$ であることがわかる．

一方，A_n は補題 2.36 より，長さ 3 の巡回置換 $(i\,j\,k)$ によって生成される．

$$(i\,j\,k) = (j\,i)(k\,i)(j\,i)^{-1}(k\,i)^{-1}$$

となるから，$A_n \subset D(S_n)$．したがって，$A_n = D(S_n)$． □

群 Γ の交換子群 $D(\Gamma) = D_1(\Gamma)$ とし，$D_1(\Gamma)$ の交換子群を $D_2(\Gamma)$ とします．一般に，$D_{i+1}(\Gamma)$ を $D_i(\Gamma)$ の交換子とすれば，定理 2.35 より，Γ の正規部分群の列

$$\Gamma = D_0(\Gamma) \supset D_1(\Gamma) \supset D_2(\Gamma) \supset \cdots \supset D_i(\Gamma) \supset \cdots \tag{$*$}$$

が得られます．この列を Γ の**交換子群列**と言います．このときの各剰余群 $D_i(\Gamma)/D_{i+1}(\Gamma)$ は，定理 2.35 より，可換群になります．

これらのことは，次に述べる可解群と密接に関係します．

では，ここでその話に移りましょう．

これから述べる定義は，上記の正規部分群の列 $(*)$ をイメージすれば容易に理解できるでしょう．

Γ を群とします．Γ の部分群の列

$$\Gamma = \Gamma_0 \supset \Gamma_1 \supset \cdots \supset \Gamma_n = \{e\} \tag{$**$}$$

があり，$i = 0, 1, \ldots, n-1$ に対して，Γ_{i+1} が Γ_i の正規部分群で Γ_i/Γ_{i+1} が可換群となるとき，Γ を**可解群 (solvable group)** と言います．$(*)$ の交換子群の列が有限回で単位元 $\{e\}$ で終われば，Γ は可解群になります．

ここで具体例をあげておきましょう．それが次の命題です．

命題 2.38. 3 次の対称群 S_3 は可解群である．

証明．$\Gamma = S_3$ とし，$\Lambda = \{1, (1\ 2\ 3), (1\ 2\ 3)^2\}$ とすると，例 2.8 より Λ は Γ の正規部分群で Γ/Λ は位数 2 の巡回群であることがわかる．よって，Γ/Λ は可換群となり，しかも

$$\Gamma = \Gamma_0 \supset \Lambda \supset \{e\}$$

となる．

よって，$\Gamma = S_3$ は可解群である． □

3 次に引き続き，4 次の対称群も可解群であることが上記の例と同様にして比較的容易に示すことができます．しかし，$n \geqq 5$ のとき，すなわち 5 次以上の対称群 S_n は可解群ではないことが知られています (証明については文献 [1], [2] などを参照して下さい)．

ここで，可解群という名前の由来について簡単にふれておきましょう．

代数方程式のことを，以下単に方程式と呼ぶことにします．

2 次，3 次，4 次の方程式に関しては，それらの解を求める公式 (解の公式) が知られています．

ところが，5 次以上の方程式が代数的に解けない (すなわち，加減乗除および根号の組み合わせによって解の公式ができない) ことが，アーベル (1802 − 1829) により証明され (1826)，ガロア (1811 − 1832) によって，方程式が代数的に解かれるための必要十分条件が与えられました．それは，1832 年にガロアは決闘のため亡くなりましたが，その決闘の前夜友人シュヴァリェにあてた遺書の中に言及されました．このとき，代数的に解ける場合が，代数方程式の解の定めるガロア群が可解群のときであることから，可解群という呼称が決められました．

さて，交換子群と可解群との関係が大いに気になるところです．

このことについては，実は次のことが言えます．

定理 2.39. 群 Γ の交換子群の列を

$$\Gamma = D_0(\Gamma) \supset D_1(\Gamma) \supset D_2(\Gamma) \supset \cdots$$

とする．このとき，群 Γ が可解群であることと，$D_n(\Gamma) = \{e\}$ となる n が存在することは同値である．

2.14 交換子群, 可解群

証明. ($\Rightarrow$) Γ を可解群とし,

$$\Gamma = \Gamma_0 \supset \Gamma_1 \supset \cdots \supset \Gamma_n = \{e\}$$

を, 可解群の定義で与えられた部分群の列 ($**$) とする. 最初に,

$$D(\Gamma_i) \subset \Gamma_{i+1} \quad (i = 0, 1, 2, \ldots, n-1)$$

を示す.

可解群の定義より, Γ_i / Γ_{i+1} は可換群であるから, 任意の $g_1, g_2 \in \Gamma_i$ に対して

$$\Gamma_{i+1} g_1 \Gamma_{i+1} g_2 = \Gamma_{i+1} g_2 \Gamma_{i+1} g_1$$

が成り立つ. よって,

$$\Gamma_{i+1} g_1 g_2 = \Gamma_{i+1} g_2 g_1.$$

このことから,

$$g_1 g_2 g_1^{-1} g_2^{-1} \in \Gamma_{i+1}$$

となり, $D(\Gamma_i) \subset \Gamma_{i+1}$ であることがわかる.

ところで, $\Gamma_i \supset \Gamma_{i+1}$ であるから

$$D(\Gamma_i) \subset \Gamma_i \quad (i = 1, 2, \ldots, n)$$

を得る. $\Gamma_n = \{e\}$ なので, $D(\Gamma_n) = \{e\}$.

($\Leftarrow$) $D(\Gamma_n) = \{e\}$ とする. $\Gamma_0 = \Gamma$ とし, $i = 1, 2, \ldots, n$ に対して, $\Gamma_i = D(\Gamma_i)$ とおく. すると

$$\Gamma = \Gamma_0 \supset \Gamma_1 \supset \cdots \supset \Gamma_n = \{e\}$$

である. 交換子群は, 定理 2.35 の (1) より,

$$\Gamma_{i+1} \triangleleft \Gamma_i \quad (i = 0, 1, 2, \ldots, n-1)$$

となる. また $\Gamma_i / \Gamma_{i+1} = \Gamma_i / [\Gamma_i, \Gamma_i]$ は定理 2.35 の (2) より可換群である. よって, Γ は可解群となる. $\square$

定理 2.39 より, 「群 Γ の交換子群の列

$$\Gamma = D_0(\Gamma) \supset D_1(\Gamma) \supset D_2(\Gamma) \supset \cdots$$

において，$D_n(\Gamma) = \{e\}$ となる n が存在する」を可解群の定義としてよいことがわかります．

可解群については「可解群の部分群は可解群である」などさらにいろいろな結果が知られていますがそれらについては群論の専門書にゆずることにします．

本節の締めくくりとして正規化群について簡単に述べておきます．

群 Γ の部分群 Λ に対して，集合

$$N_\Gamma(\Lambda) = \{a \in \Gamma | a\Lambda a^{-1} = \Lambda\}$$

は Γ の部分群をつくります．これを Λ の (Γ における) **正規化群**と言います．

見かけ上，正規部分群の定義と似ているので注意しましょう．念のため，$N_\Gamma(\Lambda)$ が Γ の部分群になることを示しておきましょう．

そのためには，

$$a, b \in N_\Gamma(\Lambda) \text{ に対して，} a^{-1}b \in N_\Gamma(\Lambda)$$

を示せばよいことになります．

$$a^{-1}b\Lambda(a^{-1}b)^{-1} = a^{-1}b\Lambda b^{-1}(a^{-1})^{-1} = a^{-1}\Lambda(a^{-1})^{-1} = \Lambda$$

となりますから，$N_\Gamma(\Lambda)$ が Γ の部分群になることがわかります．

Λ を $N_\Gamma(\Lambda)$ の部分群とみると，Λ は $N_\Gamma(\Lambda)$ の正規部分群になります．このようなことから，$N_\Gamma(\Lambda)$ は正規化群と呼ばれています．

2.15 群の準同型写像

2つの群 Γ_1, Γ_2 が与えられたとき，これらは本質的に同じものなのかどうかを調べる必要が起こります．と言うのは，もし2つが本質的に同じならば，どちらか一方を調べればよいからです (例えば，より調べやすい方を選んで調べればことが足ります)．

2つの群を比較するとき，集合としての対応だけでは不十分で，その演算の対応も調べる必要があります．

では，最初に準同型の定義を与えましょう．

2.15 群の準同型写像

Γ_1, Γ_2 は群とし,

$$\phi : \Gamma_1 \to \Gamma_2$$

を Γ_1 から Γ_2 への写像とします． このとき，Γ_1 任意の元 a, b に対して

$$\phi(ab) = \phi(a)\phi(b) \qquad ①$$

が常に成り立つとき，ϕ を Γ_1 から Γ_2 への**準同型写像**あるいは単に**準同型**と言います．
　特に，ϕ が上への写像であるとき，Γ_1 から Γ_2 の上への準同型写像と言います．Γ_1 から Γ_2 の上への準同型写像が存在するとき，Γ_2 は Γ_1 に準同型であるといい，記号で

$$\Gamma_1 \sim \Gamma_2$$

と書きます．以下，Γ_1, Γ_2 は群を意味します．
　ここで，例をあげましょう．

例 2.12. Λ を群 Γ の正規部分群とするとき，Γ から Γ/Λ への写像 ϕ を

$$\phi : a \to \Lambda a \quad (a \in \Gamma)$$

と定義します．このとき，ϕ は上への写像であることは明らかです．
いま，$a, b \in \Gamma$ とすると，

$$\phi(ab) = \Lambda ab = \Lambda a \Lambda b = \phi(a)\phi(b).$$

となりますから，ϕ は上への準同型写像であることがわかります．
　上記の写像 ϕ は Γ から Γ/Λ への**自然な準同型写像**と呼ばれています．

例 2.13. n 次の対称群 S_n から群 $\Gamma = \{1, -1\}$ への写像を

$$\phi(\sigma) = \begin{cases} 1 & (\sigma \text{は偶置換}) \\ -1 & (\sigma \text{は奇置換}) \end{cases}$$

と定義すると

$$\phi : S_n \to \Gamma = \{1, -1\}$$

は S_n から Γ の上への準同型写像です．

> **定理 2.40.** $\phi:\Gamma_1 \to \Gamma_2$ を準同型写像とすると,Γ_1 の単位元 e_1 には Γ_2 の単位元 e_2 が対応し,Γ_1 の元 a の逆元に $\phi(a)$ の逆元が対応する.

証明.e_1 は Γ_1 の単位元であるから,

$$e_1 e_1 = e_1.$$

ϕ は準同型写像であるから,

$$\phi(e_1 e_1) = \phi(e_1)\phi(e_1) = \phi(e_1).$$

よって,

$$\phi(e_1)\phi(e_1) = \phi(e_1).$$

$\phi(e_1)$ は Γ_2 の元であるから,Γ_2 における $\phi(e_1)$ の逆元を右から掛けると

$$\phi(e_1)\phi(e_1)\phi(e_1)^{-1} = e_2.$$

よって,$\phi(e_1) = e_2$.

次に,a を Γ_1 の任意の元とする.$aa^{-1} = e_1$ なので,

$$\phi(aa^{-1}) = \phi(e_1) = e_2.$$

$\phi(aa^{-1}) = \phi(a)\phi(a^{-1})$ であるから,

$$\phi(a)\phi(a^{-1}) = e_2.$$

よって,

$$\phi(a)^{-1} = \phi(a^{-1}).$$

このことは,Γ_1 の逆元には $\phi(a) \in \Gamma_2$ の逆元が対応していることを示している.□

> **定理 2.41.** $\phi:\Gamma_1 \to \Gamma_2$ を準同型写像とすると,像 $\phi(\Gamma_1) = \{\phi(a) | a \in \Gamma_1\}$ は Γ_2 の部分群である.

証明. $a, b \in \Gamma$ とする.

$$\phi(a)\phi(b)^{-1} = \phi(a)\phi(b^{-1}) = \phi(ab^{-1}) \in \phi(\Gamma_1).$$

よって, $\phi(\Gamma_1)$ は Γ_2 の部分群である. □

次に同型写像の話に移ります.

2.16 群の同型写像

群 Γ_1 から群 Γ_2 への写像 ϕ が次の条件 (1), (2) をすべて満たすとき, ϕ は同型写像であると言います.

(1) ϕ は 1 対 1 の写像で, しかも上への写像である.
(2) ϕ は準同型写像である.

ϕ は 1 対 1 の写像ですから, Γ_1 の異なる元が ϕ によって同じ元に写されることはなく, 上への写像ですから, Γ_2 の元はすべて $\phi(a)(a \in \Gamma_1)$ の形で表されます.

2 つの群 Γ_1, Γ_2 の間に同型写像が存在するとき, Γ_1 と Γ_2 は**同型**であると言い,

$$\Gamma_1 \cong \Gamma_2 \ (\text{あるいは} \Gamma_2 \cong \Gamma_1)$$

と書きます.

ここで, 例をあげましょう.

例 2.14. $\Gamma_1 = \{e, \sigma, \tau, \sigma\tau\} \ (\sigma^2 = \tau^2 = (\sigma\tau)^2 = e)$ はクラインの 4 元群で,

$$V_4 = \{1, (1\ 2)(3\ 4), (1\ 3)(2\ 4), (1\ 4)(2\ 3)\}$$

とします. このとき,
$(1\ 2)(3\ 4)(1\ 3)(2\ 4) = (1\ 4)(2\ 3)$ であることに注意すれば, 対応

$$e \leftrightarrow 1, \ \sigma \leftrightarrow (1\ 2)(3\ 4), \ \tau \leftrightarrow (1\ 3)(2\ 4), \ \sigma\tau \leftrightarrow (1\ 4)(2\ 3)$$

により, $\Gamma_1 \cong V_4$ となることがわかります.

この同型により, 上記の例の V_4 をクラインの 4 元群と呼んでよいことになります.

また，この例は有限群が置換で表されることも示しています．
　この例ばかりでなく，一般に，有限群は置換で表すことができます．証明は他書に譲りますが次が成り立ちます (証明については，文献 [2, pp.38-39] を参照して下さい)．

定理 2.42. Γ を位数 n の有限群とするならば，Γ は n 次の対称群 S_n の部分群と同型である．

定理 2.42 は抽象的な有限群を，S_n の中に具体的に示すことができることを意味しています．

2.17　群の準同型定理

Γ_1, Γ_2 は群とし，

$$\phi : \Gamma_1 \to \Gamma_2$$

は群の準同型写像とします．

定理 2.40 より，e_1, e_2 をそれぞれ Γ_1, Γ_2 の単位元とすると，$\phi(e_1) = e_2$ となります．そこで，ϕ によって，$e_2 \in \Gamma_2$ に移される Γ_1 の元の集合を考えましょう．それを記号

$$\mathrm{Ker}\,\phi = \{a \in \Gamma_1 | \phi(a) = e_2\}$$

と表します．これを ϕ の核と言います．

なお，$\mathrm{Ker}\,\phi$ はカーネル (kernel) ファイと読みます．

$\mathrm{Ker}\phi$ は Γ_1 の正規部分群になります．この事実を補助定理として述べて証明しましょう．

補助定理 2.43. Γ_1, Γ_2 は群とし，ϕ は Γ_1 から Γ_2 へ準同型写像とする．このと

2.17 群の準同型定理

き，$\operatorname{Ker}\phi = \{a \in \Gamma_1 | \phi(a) = e_2\}$ は Γ_1 の正規部分群である．ここに，e_2 は Γ_2 の単位元である．

証明． $K = \operatorname{Ker}\phi$ とおく．$a, b \in K$ とすると，ϕ は準同型写像であるから，

$$\phi(ab) = \phi(a)\phi(b) = e_2 e_2 = e_2$$

となり，

$$ab \in K.$$

また，定理 2.40 より，a^{-1} には $\phi(a)^{-1}$ が対応するから，

$$a \in K \text{ なら } a^{-1} \in K.$$

よって，K は Γ_1 の部分群である．

次に，K が正規部分群であることを示す．そのためには，任意の $h \in \Gamma_1$ に対して

$$hKh^{-1} \subset K$$

であることを示せばよい．

任意の $h \in \Gamma_1$ に対して

$$\phi(hah^{-1}) = \phi(h)\phi(a)\phi(h^{-1}) = \phi(h)e_2\phi(h)^{-1} = e_2.$$

よって，任意の $h \in \Gamma_1$ に対して

$$hah^{-1} \in K.$$

したがって，補助定理は示された． □

$\operatorname{Ker}\phi$ は正規部分群であることが分かりましたから，剰余群を作ることができます．これで準同型定理の話に入れます．

定理 2.44 (準同型定理)．ϕ は群 Γ_1 から群 Γ_2 の上への準同型写像とする．このとき

$$\Gamma_1 / \operatorname{Ker}\phi \cong \Gamma_2.$$

証明. $K = \mathrm{Ker}\,\phi$ とおく. そこで, 写像

$$\psi : \Gamma_1 / \mathrm{Ker}\,\phi \to \phi(\Gamma_1)(=\Gamma_2)$$

を

$$\psi : aK \to \phi(a) \quad (\text{すなわち}, \psi(aK) = \phi(a))$$

と定義する. a は Γ_1 の任意の元である.

このような ψ が定義可能であることを示そう (きちんと定義が確定するときを "well-defined" と言います).

いま, $b \in aK$ とすると, $b = ak\ (k \in K)$ と書くことができる.

$$\phi(b) = \phi(ak) = \phi(a)\phi(k).$$

$k \in K$ であるから $\phi(k) = e_2$, よって, $\phi(b) = \phi(a)$. このことは, 代表元 a の取り方によらないことを示している. したがって, ψ は well-defined である.

次に, ψ が準同型写像であることを示そう.

任意の $aK, bK (\in \Gamma_1/K)$ に対して,

$$\psi((aK)(bK)) = \psi(abK) = \phi(ab).$$

一方,

$$\psi(aK)\psi(bK) = \phi(a)\phi(b) = \phi(ab).$$

よって,

$$\psi((aK)(bK)) = \psi(aK)\psi(bK)$$

これは, ψ が準同型写像であることを示している.

あとは, ψ が 1 対 1 で上への写像であることを示せばよい. そのために, 最初に $\psi(aK) = \psi(bK)$ ならば $aK = bK$ であることを示す.

$\psi(aK) = \psi(bK)$ とすると, $\phi(a) = \phi(b)$. この式の左から $\phi(a)^{-1}$ を掛けると

$$\phi(a)^{-1}\phi(b) = e_2, \text{すなわち} \phi(a^{-1})\phi(b) = \phi(a^{-1}b) = e_2$$

となるから, $a^{-1}b \in K$. よって, $b \in aK$.

したがって, $aK = bK$ となり, 1 対 1 であることが示された.

最後に, 上への写像であることを示す.

$\phi(\Gamma_1)$ の元は $\phi(a)\ (a \in \Gamma_1)$ の形で書けるので, $\phi(a) = \psi(aK)$ となり, ψ は上への写像であることわかる. 以上で証明は完了した. □

2.17 群の準同型定理

いま,定理 2.44 で,π を Γ_1 から Γ_1/K ($= \text{Ker}\,\phi$) への自然な準同型写像とすると (すなわち $\pi: a(\in \Gamma_1) \to aK$) とすると,定理の内容を下図のように示すことができます.

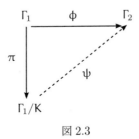

図 2.3

ここで,例をあげましょう.

例 2.15. n 次の対称群 S_n ($n \geqq 2$) から群 $\Gamma = \{1, -1\}$ への写像を

$$\phi(\sigma) = \begin{cases} 1 & (\sigma \text{ は偶置換}) \\ -1 & (\sigma \text{ は奇置換}) \end{cases}$$

と定義し,A_n は n 次の交代群とします.このとき,例 2.8 より,ϕ は上への準同型写像になります.また,明らかに $\text{Ker}\,\phi = A_n$ ですから,準同型定理より,

$$S_n/A_n \cong \phi(S_n).$$

$n \geqq 2$ なので,互換 (1 2) は S_n に属します.$\phi((1\ 2)) = -1$ ですから

$$\phi(S_n) = \{1, -1\}.$$

したがって,

$$S_n/A_n \cong \{1, -1\}.$$

この例題から,同型な群の位数は同じですから,$|S_n/A_n| = 2$ となります.剰余群の位数は剰余類の個数なので,$|S_n/A_n| = (S_n : A_n)$.

このことを利用して,A_n の位数を求めることができます.
ラグランジュの定理から,

$$|S_n| = (S_n : A_n)|A_n| = 2|A_n|.$$

S_n の位数は $n!$ ですから,

$$|A_n| = \frac{1}{2}|S_n| = \frac{1}{2}n!$$

となります.

2.18 群の同型定理

ここでは,準同型定理から導くことができる同型定理を 2 つほど紹介します.

定理 2.45 (第 1 同型定理). Γ_1, Γ_2 は群とし,ϕ は Γ_1 から Γ_2 の上への準同型写像で,Λ_2 は Γ_2 の正規部分群とする.このとき,$\Lambda_1 = \phi^{-1}(\Lambda_2)$ は Γ_1 の正規部分群で

$$\Gamma_1/\Lambda_1 \cong \Gamma_2/\Lambda_2$$

が成り立つ.

証明. Γ_2 から Γ_2/Λ_2 の上への自然な準同型写像

$$a' \in \Gamma_2 \to a'\Lambda_2$$

を ψ によって表す.このとき,準同型写像の系列

$$\Gamma_1 \xrightarrow{\phi} \Gamma_2 \xrightarrow{\psi} \Gamma_2/\Lambda_2$$

を考え,この写像の積 (合成) を

$$\Phi = \psi \circ \phi$$

とおく.すなわち,任意の $a \in \Gamma_1$ に対して,$\Phi(a) = (\psi \circ \phi)(a) = \psi(\phi(a))$ と定める.このとき,Φ は Γ_1 から Γ_2/Λ_2 の上への準同型写像になっている.

実際,$a, b \in \Gamma_1$ に対して

$$\Phi(ab) = (\psi \circ \phi)(ab) = \psi(\phi(ab)) = \psi(\phi(a))\psi(\phi(b))$$
$$= (\psi \circ \phi)(a)(\psi \circ \phi)(b) = \Phi(a)\Phi(b)$$

であり，φ, ψ は共に上への写像であることから，Φ = ψ ∘ φ は上への写像となるからである.

この Φ に対して準同型定理を適用することを考える．そこで，φ の核を求めてみよう．

Φ の核は，Φ(a) = ψ(φ(a)) が Γ_2/Λ_2 の単位元 Λ_2 に一致するようなすべての元 a ($\in \Gamma_1$) の集合である．

$$\Phi(a) = \psi(\phi(a)) \in \Lambda_2 \Leftrightarrow \phi(a) \in \Lambda_2 \Leftrightarrow a \in \phi^{-1}(\Lambda_2) = \Lambda_1$$

が成り立つから，Φ の核は Λ_1 に一致する．

Λ_2 は Γ_2 の正規部分群であるから，補助定理 2.43 より，Λ_1 は Γ_1 の正規部分群である．よって，準同型定理より，

$$\Gamma_1/\operatorname{Ker}\Phi \cong \Gamma_2/\Lambda_2.$$

$\operatorname{Ker}\Phi = \Lambda_1$ であるから，求める結果

$$\Gamma_1/\Lambda_1 \cong \Gamma_2/\Lambda_2$$

が得られる． □

定理 2.46 (第 2 同型定理)．H は群 Γ の部分群で，N は Γ の正規部分群とする．このとき H ∩ N は H の正規部分群で

$$HN/N \cong H/H \cap N$$

が成り立つ．ここに，HN = {hn | h ∈ H, n ∈ N}．

証明． 群 Γ から Γ/N への準同型写像 φ を

$$\phi: a(\in \Gamma) \to aN$$

と定めると，H は，H の元を含む N の剰余類の集合 $\bigcup_{h \in H} hN = HN$ に移る.

したがって，HN は N を含む群であって，φ を H に制限して考えると

$$\phi: H \to HN/N$$

が得られる.このときの φ の核は H の元で N に移るもの,すなわち H∩N である.よって,補助定理 2.43 より,H∩N は H の正規部分群であって,また準同型定理より

$$H/\operatorname{Ker}\phi \cong HN/N$$

を得る.ところで $\operatorname{Ker}\phi = H\cap N$ であるから,求める結果が得られる. □

この定理は,下図のようにして覚えるとよいでしょう.

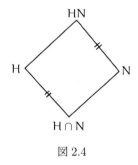

図 2.4

ここで,例をあげておきましょう.

例 2.16.

$$12\mathbb{Z}/36\mathbb{Z} \cong 3\mathbb{Z}/9\mathbb{Z} \cong \mathbb{Z}_3.$$

実際,いま,$H = 12\mathbb{Z}$,$N = 9\mathbb{Z}$ とおくと,H, N は加群 $\mathbb{Z}$ の部分群で,N は $\mathbb{Z}$ の正規部分群です.また,$12a + 9b = 3$ を満たす整数 a, b が存在するから

$$H + N = 12\mathbb{Z} + 9\mathbb{Z} = 3\mathbb{Z}$$

が成り立ちます.さらに,$H\cap N = 36\mathbb{Z}$ ですから,第 2 同型定理より,$12\mathbb{Z}/36\mathbb{Z} \cong 3\mathbb{Z}/9\mathbb{Z}$ が得られます.$3\mathbb{Z}/9\mathbb{Z} \cong \mathbb{Z}_3$ は明らかですから,所望の結果が得られます.

本節の話の最後として自己同型群の話をします.いま,群 Γ_1 から群 Γ_2 への同型写像 φ において,とくに $\Gamma_1 = \Gamma_2 = \Gamma$ のとき,Γ から Γ への**自己同型写像**と言います.Γ の自己同型写像全体の集合を AutΓ と書くことにします.このとき,φ, ψ ∈ AutΓ ならば,その積 φψ を通常の写像の合成 φ∘ψ と定義します.すると,AutΓ は恒

2.18 群の同型定理

等写像 id を単位元とし，逆写像を逆元とする群になります．この Aut Γ のことを Γ の **自己同型群** と言います．

次の結果はよく知られている事実です．

定理 2.47. 群 Γ の元を g とする．このとき，写像 $\phi_g : \Gamma \to \Gamma$ を

$$\phi_g(h) = ghg^{-1} \quad (h \in \Gamma)$$

と定義すると ϕ_g は自己同型写像である．

証明． 最初に ϕ_g が準同型写像であることを示す．

$$\begin{aligned}\phi_g(h_1 h_2) &= gh_1 h_2 g^{-1} = gh_1(g^{-1}g)h_2 g^{-1} = (gh_1 g^{-1})(gh_2 g^{-1}) \\ &= \phi_g(h_1)\phi_g(h_2).\end{aligned}$$

よって，写像 ϕ_g は準同型である．

次に，ϕ_g は全単射であることを示す．

$\phi_g(h_1) = \phi_g(h_2)$ とすると，$gh_1 g^{-1} = gh_2 g^{-1}$. よって，$h_1 = h_2$. このことは単射であることを示している．

任意の $h \in \Gamma$ について，$k = g^{-1}hg \in \Gamma$ なる元を考えると，

$$\phi_g(k) = gkg^{-1} = g(g^{-1}hg)g^{-1} = h.$$

□

よって，

$$\phi_g(k) = h.$$

このことは全射であることを示している．したがって，ϕ_g は自己同型写像である．さらに，単位元 e に対して，

$$\phi_g(e) = geg^{-1} = e,$$

逆元について，

$$\phi_g(h^{-1}) = gh^{-1}g^{-1} = (ghg^{-1})^{-1} = \phi_g(h)^{-1}$$

となっています．

上記の定理で定義した写像は**内部自己同型写像**と呼ばれています．

準同型定理，同型定理は群論においての重要な定理で，非常に広い応用を持っています．

次は環の話に入ります．

参考文献

第 2 章の作成にあたり，下記の文献を参考にさせていただきました．記して感謝いたします．

[1] 雪江明彦,『代数学 1 群論入門』日本評論社，2010.
[2] 永尾　汎,『群論の基礎』，朝倉書店，1967.
[3] 志賀浩二,『群論への 30 講』，朝倉書店，1989.
[4] 草場公邦,『ガロワと方程式』，朝倉書店，2010.
[5] 三宅敏恒,『線形代数学　初歩からジョルダン標準形へ』，培風館，2010.
[6] 　R.C.Thompson,『Elementary Modern Algebra』, Scott, Foresman and Company,1974.

蛇足になりますが，ガロア理論に関する読みやすい本を 2 冊ほど紹介しておきます．

[7] 結城　浩,『数学ガール　ガロア理論』　ソフトバンク　クリエイティブ (株), 2012.
[8] 石井俊全,『ガロア理論の頂を踏む』，ベル出版，2014.

文献に関するコメント：[1] は群論の入門書として定評のある本ですが，初めて学ぶ方にとってスムーズに理解できるとは限りません．　読むときはアドバイスしてくれる方が必要でしょう．　なお，本章の群に関する術語の多くはこの本によります．[5] は線形代数の本として定評があります．

第 3 章　環とイデアル，体

3.1　環・体の定義と環の準同型写像

まず環の定義から話を始めます．

空でない集合 R に 2 つの演算 + と × (加法・乗法、あるいは和・積，× は「·」とも書く) が定義されていて，次の 4 つの条件が満たされているとき，R を**環 (ring)** と言います．

(1) R は + に関して可換群になる (加法 + に関する単位元は 0 で表す)．
(2) 乗法に関して結合法則が成り立つ．すなわちすべての $a, b, c \in R$ に対し，
$$(a \cdot b) \cdot c = a \cdot (b \cdot c).$$
(3) 分配法則が成り立つ．すなわち，すべての $a, b, c \in R$ に対し，
$$a \cdot (b + c) = a \cdot b + b \cdot c, \quad (a + b) \cdot c = a \cdot c + b \cdot c.$$
(4) 乗法について単位元 1 がある．すなわち，すべての $a \in R$ に対し，
$$a \cdot 1 = 1 \cdot a = a$$

が成り立つ．

集合 R が環になるとき，群論の場合と同様に，「**R は環をなす**」，「**R には環の構造が入る**」，「**R は環を作る**」などと言います．

a, b が環 R の元で $a \cdot b = b \cdot a$ なら，a, b は**可換**であると言います．環 R の任意の元 a, b が可換であるとき，R は**可換環**と言います．

記述の簡略化のため，混乱の恐れがないときは積 $a \cdot b$ を単に ab で表すことにします．

乗法について，$a \in R$ に対し，$b \in R$ で
$$ab = ba = 1$$

となる元 b があれば，b を a の**逆元**と言い，a^{-1} で表します．

a^{-1} が存在するとき，a は**可逆元**あるいは**単元**と呼ばれています．

R の単元全体の集合を R^+ で表します．R^+ は R の乗法に関して群になります．これを **R の乗法群**と言います．なお，今後環と言うときは 0 以外の元も含むものとします．

複数の環を考えるとき，0, 1 がどの環の元であるかを示したいときは，$0_R, 1_R$ などと書きます．混乱の恐れがないときは単に 0, 1 で表します．

有理数全体の集合 $\mathbb{Q}$，実数全体の集合 $\mathbb{R}$，複素数全体の集合 $\mathbb{C}$ は，通常の演算のもとで環を作ります．さらに，環の例を 3 つほど与えましょう．なお，演算は通常の加法と乗法です．

例 3.1. (1) 整数全体の集合 $\mathbb{Z}$ は環をなします．この環 $\mathbb{Z}$ は**整数環**と呼ばれています．

(2) $\mathbb{Z}[\sqrt{2}] = \{a + b\sqrt{2} | a, b \in \mathbb{Z}\}$, $\mathbb{Z}[i] = \{a + bi | a, b \in \mathbb{Z}\}$ はそれぞれ可換環になります．後者は**ガウス整数環**と呼ばれています．なお，$i = \sqrt{-1}$(虚数単位)です．

次に部分環の定義を与えましょう．

環 R の単位元 1 を含んでいる部分集合 S が R の演算に関して環を作るとき，S は R の**部分環**と言います．

例えば，環 $\mathbb{Q}$ は環 $\mathbb{R}$ の部分環であり，整数環 $\mathbb{Z}$ は環 $\mathbb{Q}$ の部分環になっています．

環 R の空でない部分集合 S が R の部分環であるための必要十分条件は次の 3 つの条件が成り立つことです．

(1) すべての $a, b \in S$ に対して，$a - b \in S$,
(2) すべての $a, b \in S$ に対して，$ab \in S$,
(3) $1_R \in S$.

証明は群の場合とほぼ同様なので省略します．

次に体の定義を述べます．

環 R の 0 以外の元がすべて可逆元であるとき，R を**斜体**と言います．さらに R の乗法が可換であれば，R を**可換体**あるいは単に**体**と言います．

この定義から，集合 $\mathbb{Q}, \mathbb{R}, \mathbb{C}$ は (通常の演算で) すべて体であることがわかります．それらはそれぞれ**有理数体**，**実数体**，**複素数体**と呼ばれています．

また，$\mathbb{Q}[\sqrt{2}] = \{a + b\sqrt{2} | a, b \in \mathbb{Q}\}$ も通常の和と積の演算のもとで体であることが容易に検証できます．

3.1 環・体の定義と環の準同型写像

体を表すのに L とか K などがよく用いられていますので，それにならうことにします．集合 K が体になるとき，「**K は体をなす**」，「**K には体の構造が入る**」などと言うのは群や環の場合と同様です．

体 L の空でない部分集合 K が L の加法，乗法に関して体をなすとき，K は L の**部分体**と言います．

例えば，有理数体は実数体の部分体で，実数体は複素数体の部分体になっています．体 K の空でない部分集合 S が K の部分体であるための必要十分条件は次の (1), (2) が成り立つことです．

(1) すべての $a, b \in S$ に対し，$a - b \in S$,
(2) すべての $a, b \in S^*$ に対し，$ab^{-1} \in S^*$.

ただし，$S^* = S - \{0\}$，すなわちは S からゼロ元 0_K を除いた集合のことです．この証明も 群の場合と同様なので省略します．

環・体の定義がなされたので，環 (体) から環 (体) への準同型写像について述べましょう．内容的には群の場合と同様です．

R, R' を環とし，f を R から R' への写像とします．任意の $a, b \in R$ に対し，次の 3 つの条件

$$f(a+b) = f(a) + f(b), \tag{3.1}$$
$$f(ab) = f(a)f(b), \tag{3.2}$$
$$f(1_R) = 1_{R'} \tag{3.3}$$

が成り立つとき，f は R から R' への環の準同型写像であると言い，f が全単射 (1 対 1 かつ上への写像) であるとき，f を R から R' への環の同型写像であると言います．

R から R' への環の同型写像が存在するとき，R と R' は環として同型であると言い $R \cong R'$ と表します．特に，R から R それ自身への環の同型写像を**環 R の自己同型写像**と言います．

K と K' が体のとき，K と K' は環としての構造を持っていますから，写像 f が環 K から環 K' への環としての準同型写像であるとき，写像 f を**体 K から K' への準同型写像**と言います．

体の同型写像，自己同型写像も環の場合と同様に定義します．

例 3.2. 体 $\mathbb{Q}[\sqrt{2}] = \{a + b\sqrt{2} | a, b \in \mathbb{Q}\}$ の元 $a + b\sqrt{2}$ に対し
$$f(a + b\sqrt{2}) = a - b\sqrt{2} \quad (\mathbb{Q}[\sqrt{2}] \to \mathbb{Q}[\sqrt{2}]))$$
によって定義される写像 f は体 $\mathbb{Q}(\sqrt{2})$ の自己同型写像になります．

3.2 整域とは

整域の話をするために必要な零因子の定義から話を始めます.

環 R の元 a について,零元 0 と異なる R のある元 b が存在して,$ab = 0$ となるとき,a を**零因子**と言います.

例えば,$\mathbb{Z}/4\mathbb{Z} = \{\overline{0}, \overline{1}, \overline{2}, \overline{3}\}$ では,$\overline{2} \neq \overline{0}$ ですが,

$$\overline{2} \times \overline{2} = \overline{0}$$

となってしまいますので $\overline{2}$ は零因子になります.

次に整域の定義に移ります.

R は可換環とします.任意の $a, b \in R - \{0\}$ に対して

$$ab \neq 0$$

となるとき R を**整域**と言います.

この定義から,R が整域であるということは,零因子が 0 だけであることが分かります.したがって,整域のことを「零元 0 と異なる零因子のない可換環を整域」と定義してもよいことになります.

整数環 $\mathbb{Z}$ は整域です.しかし $\mathbb{Z}/4\mathbb{Z}$ は可換環ですが零因子を持つので整域ではありません.

体と整域の関係については次が成り立ちます.

定理 3.1. 体は整域である.

証明. 体を K で表す.K の元を a, b とし,$a \neq 0$ とし,

$$ab = 0 \qquad ①$$

と仮定する.K は体であるから,0 でない K の元 a は K において乗法的逆元 a^{-1} を持つ.①の両辺に左側から a^{-1} を掛けると

$$a^{-1}(ab) = a^{-1}0$$

より，$b=0$ を得る．よって，$ab=0$ かつ $a \neq 0$ なら $b=0$ が示されたので体 K は整域である． □

次に，環論で最も大切なものの 1 つである多項式環の話に移ります．

3.3 多項式環と多項式の割り算

R は可換環とします．以後，環はすべて可換環であると仮定します．

環 R とは関係ない文字 x を R 上の**変数** (あるいは**不定元**) と言います．このとき，R 上の変数 x の**多項式**とは

$$f(x) = a_0 + a_1 x + \cdots + a_n x^n \quad (a_i \in R) \tag{*}$$

の形の式のことです．

この式の中の記号「+」は単なる形式であり，$a_k x^k$ は a_k に x^k を掛けて値を計算するということではなく，k 番目は a_k であることを示しているにすぎません．

すべての a_k が 0 である多項式は 0 で表し，**零多項式**と呼ぶことにします．

多項式 (*) において $a_0, a_1, \cdots, a_n$ を**係数**と言い，$a_0, a_1 x, \cdots, a_n x^n$ を $f(x)$ の**項**と言います．また，特に a_0 のことを**定数項**と言います．

$a_n \neq 0$ のとき，$\deg f(x) = n$ と定義し $f(x)$ の**次数**と言い，$a_k x^k$ $(a_k \neq 0)$ を $f(x)$ の**次数 k の項**と言います．

例えば，$R = \mathbb{Z}$(整数環) ならば，多項式

$$f(x) = 1 + 2x + 3x^2$$

の定数項は 1 で，$\deg f(x) = 2$ となります．

なお，$f(x) = 0$ (零多項式) の次数は $\deg f(x) = -\infty$ と定めます．

R 上の変数 x の多項式全体の集合を **R[x]** で表します．このとき，R の元は定数項以外の項がない多項式として，R[x] の部分集合とみなすことができます．

さて，変数 x は ax $(a \in R)$ の形ではないから R[x] の元ではありませんが，R が単位元 1 を持つとき $1x$ は R[x] の元になります．そこで，記述の簡略化を考慮して $1x$ を単に x で表すことにします．

R[x] の 2 つの多項式

$$f(x) = a_0 + a_1 x + \cdots + a_n x^n, \quad g(x) = b_0 + b_1 x + \cdots + b_m x^m$$

に対し，相等，和，積を次のように定めます．なお，$m \leqq n$ とします．

(Ⅰ) 相等
$a_0 = b_0, a_1 = b_1, \ldots, a_m = b_m, a_{m+1} = \cdots = a_n = 0$ であるときに限り $f(x) = g(x)$ と定義する．

(Ⅱ) 和
$$f(x) + g(x) = (a_0 + b_0) + (a_1 + b_1)x + \cdots + (a_m + b_m)x^m + a_{m+1}x + \cdots + a_n x^n$$
と定義する．

(Ⅲ) 積
$$f(x)g(x) = c_0 + c_1 x + \cdots + c_k x^k + \cdots + c_{m+n} x^{m+n}$$
$$(c_k = a_0 b_k + a_1 b_{k-1} + \cdots a_i b_{k-i} + \cdots + a_{k-1} b_1 + a_k b_0)$$
により定義する．

上記の「和」と「積」の定義により，R[x] は可換環になります (検証は読者に委ねます)．

この環を R 係数のあるいは R 上の **1 変数多項式環**と言います．今後この環を単に**多項式環**と呼ぶことにします．

これから多項式の性質について調べます．

定理 3.2. R は整域とする．このとき多項式環 R[x] の元 $f(x)$, $g(x)$ について次が成り立つ．

$$\deg f(x)g(x) = \deg f(x) + \deg g(x)$$

証明．$f(x)$, $g(x)$ をそれぞれ

$$f(x) = a_0 + a_1 x + \cdots + a_n x^n \quad (a_n \neq 0),$$
$$g(x) = b_0 + b_1 x + \cdots + b_m x^m \quad (b_m \neq 0)$$

とすると，明らかに $\deg f(x) = n$, $\deg g(x) = m$ である．積の定義より

$$f(x)g(x) = c_0 + c_1 x + \cdots + c_k x^k + \cdots + c_{m+n} x^{m+n},$$
$$(c_k = a_0 b_k + a_1 b_{k-1} + \cdots + a_{k-1} b_1 + a_k b_0).$$

である. R は整域であるから, $c_{m+n} = a_n b_m \neq 0$. よって, $\deg f(x)g(x) = m+n = \deg f(x) + \deg g(x)$. □

系 3.3. R が整域であれば, R[x] も整域である.

証明. $f(x) \neq 0$, $g(x) \neq 0$ とする.

$$\deg f(x)g(x) = \deg f(x) + \deg g(x)$$

より, $f(x)g(x) \neq 0$ である. よって, R[x] も整域である. □

さて, 一般の体においても, 高校などで学んだ割り算に関する定理「$f(x)$, $g(x)$ をそれぞれ m 次, n 次の整式とし, $m \geq n > 0$ とすると, $f(x) = q(x)g(x) + r(x)$ ($r(x)$ の次数 < $g(x)$ の次数) となる整式 $q(x)$, $r(x)$ がただ1組存在する.」に相当する次が成り立ちます.

定理 3.4 (多項式の割り算). K を体とし, K[x] を体 K 上の多項式環とする. $f(x), g(x) \in K[x]$ に対し, $g(x) \neq 0$ とする. このとき,

$$f(x) = q(x)g(x) + r(x) \quad (\deg r(x) < \deg g(x))$$

となる多項式 $q(x), r(x)$ がただ1組存在する.

証明は「高校などで学んだ上記の割り算の定理の証明」とおおむね同様なので省略します. なお, 証明を知りたい読者は文献 [2] などを参照して下さい.

高校などで学んだ馴染みのある「因数定理」に相当するのが次の定理になります.

> **定理 3.5** (因数定理). $K[x]$ を体 K 上の多項式環で, $f(x) \in K[x]$, $\alpha \in K$ とする. このとき, $f(\alpha) = 0$ であるための必要十分条件は, ある多項式 $g(x) \in K[x]$ が存在して
> $$f(x) = (x - \alpha)g(x)$$
> と表されることである.

証明. $f(x) \in K[x]$ であるから, 定理 3.4 より
$$f(x) = (x - \alpha)g(x) + r(x) \qquad \text{①}$$
$$(r(x) = 0 \text{ または } \deg r(x) < 1)$$
を満たす $g(x), r(x) \in K[x]$ が存在する. $r(x) \neq 0$ とすると, $\deg r(x) < 1$ だから, $r(x)$ は定数になる. よって, $r(x) = a$ とおくと
$$f(x) = (x - \alpha)g(x) + a$$
と書くことができる. よって, $f(\alpha) = 0$ なら $a = 0$ となるから,
$$f(x) = (x - \alpha)g(x)$$
となる. 逆に $f(x) = (x - \alpha)g(x)$ ならば, $f(\alpha) = 0$. □

> **定理 3.6.** $K[x]$ を体 K 上の多項式環とする. このとき, $f(x) \in K[x]$ に対し, $\deg f(x) = n \ (\geqq 1)$ ならば, $f(\alpha) = 0$ となる K の元 α はたかだか n 個である.

証明. $f(x)$ の次数 n に関する帰納法で示す.
(I) $n = 1$ のとき.
$\deg f(x) = 1$ であるから
$$f(x) = ax + b \in K[x] \quad (a \neq 0)$$
と書くことができる. $\alpha \in K$ で, $f(\alpha) = a\alpha + b = 0$ とすると,
$$\alpha = -a^{-1}b.$$

よって，$f(\alpha) = 0$ となる K の元は唯一つ存在する．
(II) $n > 1$ として，$(n-1)$ 次の多項式まで定理は正しいと仮定する．
　$\alpha_1 \in K, f(\alpha_1) = 0$ とする．このとき，定理 3.5 よりある多項式 $g(x) \in K[x]$ が存在して

$$f(x) = (x - \alpha_1)g(x)$$

と書くことができる．$\deg f(x) = n$ であるから $\deg g(x) = n - 1$ である．$\alpha \in K$ に対し，$\alpha \neq \alpha_1$ で $f(\alpha) = 0$ とすると

$$0 = f(\alpha) = (\alpha - \alpha_1)g(\alpha).$$

よって，$g(\alpha) = 0$．$\deg g(x) = n - 1$ であるから，帰納法の仮定より，このような $\alpha \in K$ はたかだか $n - 1$ 個である．したがって，$f(\alpha) = 0$ を満たす α はたかだか n 個である． □

3.4　環のイデアル

　イデアルは可換環において重要な役割を演じます．特に素イデアルと極大イデアルは整数論における素数と同様な位置を占めます．
　早速定義から述べましょう．なお，前節でも述べたように環はすべて可換環とします．
　環 R の空でない部分集合 I が，次の条件（ⅰ），（ⅱ）を満たすとき，**R のイデアル**と言います．

（ⅰ）I は R の加法に関して部分群である．
（ⅱ）任意の $a \in R$, $x \in I$ に対し，$ax \in I$ である．

　ここで，例をあげておきます．

例 3.3. $n \in \mathbb{Z}$ とし，$n\mathbb{Z} = \{nx | x \in \mathbb{Z}\}$ とします．このとき，$0 = n0 \in n\mathbb{Z}$ であり，$a, b \in \mathbb{Z}$ ならば

$$na \pm nb = n(a \pm b) \in n\mathbb{Z}$$

ですから，$n\mathbb{Z}$ は加法に関して $\mathbb{Z}$ の部分群であることがわかります．また，任意の $a, b \in \mathbb{Z}$ に対し

$$a(nb) = n(ab) \in n\mathbb{Z}$$

となります．よって，イデアルの条件 (i)，(ii) が満たされるので，$n\mathbb{Z}$ は整数環 $\mathbb{Z}$ のイデアルであることがわかります．

R が環ならば $I = \{0\}$ および R 自身は R のイデアルになります．この $\{0\}$ と R は環 R の**自明なイデアル**と言い，そうでないイデアルを**真のイデアル**と言います．なお，イデアル $\{0\}$ を (0) で表すことにします．

定理 3.7. 環 R のイデアル I が単位元 1 を含めば，$I = R$ である．

証明． $1 \in I$ とすると，R の任意の元 a に対して

$$a = a \cdot 1 \in I.$$

よって，$R \subset I$．一方，I は R の部分集合であるから $I \subset R$．したがって，$I = R$． □

定理 3.8. R を環とするとき，次の (1)，(2) は同値である．

(1) R は体である．
(2) R は真のイデアルを持たない．

証明． (1)⇒(2) R は体，$I \subset R$ をイデアルとする．もし，I が 0 でない元 a を含めば，$b \in R$ とすると

$$b = ba^{-1}a \in I$$

なので，$R \subset I$．I は R の部分集合であるから $I = R$ となる．よって，R は真のイデアルを持たない．
(2)⇒(1)　R が真のイデアルを持たないとする．R が 0 でない元 a を含むならば，イデアル $aR = \{ab|b \in R\}$ は R になるしかない．

3.4 環のイデアル

$aR = R \ni 1$ なので,$b \in R$ があり $ab = 1$ となる.これは $b = a^{-1}$ を意味するので,R は体である.　□

R を環,I を R の真のイデアルとします.R は加法に関して可換群なので,イデアル I は加法に関して R の正規部分群になっています.よって,I を法とする剰余類の集合 R/I を考えることができます.

R の元 a, b に対して,R/I の加法と乗法を

$$\overline{a} + \overline{b} = \overline{a+b},$$
$$\overline{a}\,\overline{b} = \overline{ab}$$

と定義すると,これらの演算に関して R/I は環になります.この環 R/I を**イデアル I を法とする R の剰余環**と言います.

例えば,$\mathbb{Z}$ を整数環とすると,$5\mathbb{Z}$ は $\mathbb{Z}$ のイデアルですから,剰余環 $\mathbb{Z}/5\mathbb{Z}$ を考えることができます.

$a \in \mathbb{Z}$ のとき,$\overline{a} = a + 5\mathbb{Z}$ とすると

$$\mathbb{Z}/5\mathbb{Z} = \{\overline{0}, \overline{1}, \overline{2}, \overline{3}, \overline{4}\}$$

と書くことができます.このときの和・積は,例えば

$$\overline{3} + \overline{4} = \overline{2},\ \overline{2}\,\overline{4} = \overline{3}$$

となります.また,$\mathbb{Z}/5\mathbb{Z}$ の零元は $\overline{0}$ で単位元は $\overline{1}$ です.

次に単項イデアル環の話に移ります.

$S = \{s_1, s_2, \cdots, s_r\}$ を環 R の有限部分集合とするとき,

$$I = \{a_1 s_1 + \cdots + a_r s_r | a_1, \cdots, a_r \in R\}$$

は R のイデアルになります.このイデアル I を $(s_1, s_2, \cdots, s_r)$,$s_1 R + \cdots + s_r R$ あるいは $Rs_1 + \cdots + Rs_r$ と書き,**S で生成された (有限生成な) イデアル**と言います.特に $S = \{s\}$ のとき,sR を (s) で表し,**s で生成された単項イデアル**と言います.

環 R のすべてのイデアルが単項イデアルのような環は**単項イデアル環**と呼ばれています.

環 R において,$\{0\}$ は 0 によって生成される単項イデアルと考えられ,R は単位元 1 によって生成される単項イデアルと考えることができます.すなわち,

$$\{0\} = (0),\ R = (1)$$

となります.

> **定理 3.9.** I が単項イデアル環 R のイデアルならば,剰余環 R/I は単項イデアル環である.

証明. 最初に「剰余環 R/I のすべてのイデアルは,I を含んでいるイデアル J があって,J/I という形をしている」ということを示す.

A は剰余環 R/I のイデアルとする.A は加法群 R/I の部分群であるから,R の加法部分群 J が存在して A = J/I という形をしている.

次に,J は R のイデアルであることを示す.

$r \in R$, $a \in J$ とすると,

$$\bar{r} \in R/I, \ \bar{a} \in J/I = A.$$

A は剰余環 R/I のイデアルであるから,

$$\overline{ra} = \bar{r}\,\bar{a} \in A \ (= J/I).$$

よって,$ra \in J$. したがって,J は R のイデアルである.

以上のことから,R/I のイデアルは J/I ($I \subset J$) という形で表される.

R は単項イデアル環だから,J = aR ($a \in R$) の形をしている.よって,J/I = $\bar{a}$(R/I) となる.したがって,R/I は単項イデアル環である. □

次に素イデアル、極大イデアルの定義に移ります.

R は環とします.$P \subset R$ ($P \neq R$) がイデアルで,

「$a, b \notin P$ ならば $ab \notin P$」

という条件が成り立つとき,P は R の**素イデアル**と言います.また,$M \subset R$ ($M \neq R$) はイデアルで,

「I が M を含む R の真のイデアルならば I = M」

という条件が成り立つとき,M を R の**極大イデアル**と言います.

素イデアルであるための定義の条件の対偶をとると,

「$ab \in P$ ならば $a \in P$ または $b \in P$」

となります.

実際に利用するときは,こちらの方が便利です.

3.4 環のイデアル

例 3.4. 整数環 $\mathbb{Z}$ において,7 によって生成されるイデアル $(7) = 7\mathbb{Z}$ は素イデアルですが,12 によって生成されるイデアル $(12) = 12\mathbb{Z}$ は素イデアルではありません.

実際,$ab \in (7)$ とすると,ある整数 c があって $ab = 7c$ と書けます.ところが,7 は素数であるから,a または b は 7 で割り切れなくてはなりません.よって,$ab \in (7)$ ならば $a \in (7)$ または $b \in (7)$.したがって,$(7) = 7\mathbb{Z}$ は素イデアルです.
$(12) = 12\mathbb{Z}$ は素イデアルではないことは,

「$3 \notin (12), 4 \notin (12)$ であるが,$3 \cdot 4 = 12 \in (12) = 12\mathbb{Z}$」

であることからわかります.

定理 3.10. P は環 R のイデアルとする.このとき次が成り立つ.

(1) P は素イデアル $\Leftrightarrow$ R/P は整域.
(2) P は極大イデアル $\Leftrightarrow$ R/P は体.

証明. (1) ($\Rightarrow$) $a, b \in R$ とする.P は素イデアルであるから,$ab \in P$ ならば $a \in P$ または $b \in P$.

R/P において,$\overline{a}\,\overline{b} = \overline{0}$ とすると,$ab \in P$.よって,$a \in P$ または $b \in P$.したがって,$\overline{a} = \overline{0}$ または $\overline{b} = \overline{0}$.このことは,R/P が整域であることを示している.
($\Leftarrow$) R/P を整域とし,$\overline{a}, \overline{b} \in R/P$ とする.$\overline{a}\,\overline{b} = \overline{0}$ ならば,R/P は整域であるから,$\overline{a} = \overline{0}$ または $\overline{b} = \overline{0}$.このことから,「$ab \in P$ ならば $a \in P$ または $b \in P$」が得られるから,P は素イデアルである.
(2) ($\Rightarrow$) P は R の極大イデアルとし,$\overline{a}$ を R/P の $\overline{0}$ でない任意の元とする.$\overline{a} \neq \overline{0}$ であるから,$a \notin P$.そこで,$P + aR = \{p + ar | p \in P, r \in R\}$ という環 R のイデアルを考える.$\overline{a} \neq \overline{0}$ であるから,

$$P \subsetneq P + aR \subset R.$$

ところが,P は R の極大イデアルであるから,

$$P + aR = R$$

でなくてはならない.このとき,

$$1 \in R = P + aR$$

より,
$$1 = b + ar$$
となる $b \in P$ と $r \in R$ が存在する.

この式を剰余環 R/P で考えると, $b \in P$ であるから
$$\overline{1} = \overline{b + ar} = \overline{b} + \overline{ar} = \overline{a}\,\overline{r}.$$
よって,
$$\overline{a}\,\overline{r} = \overline{1}.$$
これは $\overline{a}$ が R/P で可逆元であることを示している. $\overline{a}$ は R/P の任意の元であるから, R/P は体である.

($\Leftarrow$) I は $P \subsetneq I \subset R$ を満たしている R のイデアルとする. このとき I = R となることを示せばよい.

剰余環 R/P において, イデアル I/P を考えると,
$$\{\overline{0}\} \subset I/P \subset R/P.$$
になっている. $P \subsetneq I$ であるから, I の元で P に属さない元 a が存在する. $a \notin P$ であるから,
$$\overline{a} = a + P \neq \overline{0}.$$
よって,
$$\{\overline{0}\} \subsetneq I/P.$$

仮定により, R/P は体であるから, 定理 3.8 より真のイデアルを含まない. よって,
$$I/P = R/P.$$
したがって, I = R.

以上から $P \subsetneq I \subset R$ なら, I = R が示されたので, P は極大イデアルである. □

系 3.11. M は環 R のイデアルとする. このとき, M が極大イデアルならば M は素イデアルである.

証明. M を極大イデアルとすると，定理 3.10 (2) より，R/M は体である．体は整域であるから同じ定理の (1) より M は素イデアルである． □

次に多項式環のイデアルの話をします．

3.5 多項式環のイデアル

多項式環のイデアルの話に必要な用語の説明から話をはじめます．

$K[x]$ は体 K 上の多項式環で，$f(x), g(x), p(x), q(x) \in K[x]$ とします．

$f(x) = p(x)q(x)$ のとき，$f(x)$ は $p(x)$ で**割り切れる**，あるいは $f(x)$ は $p(x)$ の**倍数**，$p(x)$ は $f(x)$ の**約数** (あるいは**因子**) と言い，記号 $p(x)|f(x)$ と表します．$f(x), g(x)$ の共通な約数を**公約数**と言います．また，$f(x) = p(x)q(x)$ のとき，$f(x)$ は $p(x)$ と $q(x)$ に**分解される**と言います．

多項式 $f(x)$ の最高次の係数が 1 のとき，$f(x)$ は**モニックな多項式**と呼ばれています．また，$f(x), g(x)$ の公約数のうち，次数が一番高いモニックな多項式を**最大公約数**と言います．最大公約数が 1 のとき，$f(x)$ と $g(x)$ は**互いに素**であると言い，$(f(x), g(x)) = 1$ で表します．

定理 3.12. 体 K 上の多項式環 $K[x]$ のイデアルはすべて単項イデアルである．

証明．$K[x]$ のイデアルを I とする．I $= (0)$ あるいは I $= K[x]$ は単項イデアルと見なすことができるので，以下 I $\neq \{0\}$ かつ I $\neq K[x]$ とする．

I の元の中で次数が最小の多項式を $f(x)\ (\neq 0)$ とすると，イデアル I はこの多項式 $f(x)$ によって生成されることを示す．すなわち，I $= (f(x)) = f(x)K[x]$ であることを示す．

$f(x) \in$ I で，I はイデアルであるから

$$(f(x)) = f(x)K[x] \subset \text{I}$$

であることがわかる．

逆に，$h(x) \in I$ とすると，定理 3.4 より
$$h(x) = f(x)g(x) + r(x)$$
$$(r(x) = 0 \text{ または } \deg r(x) < \deg f(x))$$
を満たす多項式 $g(x)$, $r(x) \in K[x]$ がただ 1 組存在する.

ところで，$(f(x)) = f(x)K[x] \subset I$ であるから，
$$f(x)g(x) \in I.$$
よって，$h(x) \in I$ より，
$$r(x) = h(x) - f(x)g(x) \in I.$$
$f(x)$ は I に属している多項式の中で次数が最小のものであるから，$r(x) = 0$ でなくてはならない．よって，
$$h(x) = f(x)g(x) \in (f(x)).$$
したがって，$I=(f(x))$. □

さて，「a, b が整数で，d が a と b の最大公約数ならば，$ax + by = d$ を満たす整数 x, y が存在する」はよく知られている事実です．

これに対応するものとして次が成り立ちます．

定理 3.13. 体 K 上の 2 つの多項式 $f(x)$ と $g(x)$ の最大公約数を $d(x)$ とするならば，
$$f(x)p(x) + g(x)q(x) = d(x)$$
となる $p(x)$, $q(x) \in K[x]$ が存在する．

証明． 2 つの多項式 $f(x)$, $g(x)$ によって生成された $K[x]$ のイデアル
$$f(x)K[x] + g(x)K[x]$$
を考える．定理 3.12 より $K[x]$ のイデアルはすべて単項イデアルであるから，あるモニックな多項式 $d(x)$ が存在して
$$f(x)K[x] + g(x)K[x] = d(x)K[x]$$

と表される．

このとき，$d(x)$ が $f(x)$ と $g(x)$ の最大公約数であることを示せばよい．
最初に $d(x)$ が $f(x)$ と $g(x)$ の公約数であることを示す．

$$f(x) \in f(x)K[x] + g(x)K[x] = d(x)K[x]$$

であるから，

$$f(x) \in d(x)K[x].$$

よって，$d(x)$ は $f(x)$ の約数である．同様にして $d(x)$ は $g(x)$ の約数であることがわかるから，$d(x)$ が $f(x)$ と $g(x)$ の約数であることがわかる．

次に，$d(x)$ が $f(x)$ と $g(x)$ の公約数の中で次数が最大であることを示す．
そこで，$h(x)$ を $f(x)$ と $g(x)$ の任意の公約数とする．このとき，

$$\begin{aligned}f(x) &= h(x)s_1(x) \quad (s_1(x) \in K[x]), \\ g(x) &= h(x)s_2(x) \quad (s_2(x) \in K[x])\end{aligned}$$

と書くことができる．

一方，$d(x)$ は

$$f(x)p(x) + g(x)q(x) = d(x) \quad (p(x),\ q(x) \in K[x])$$

と表すことができるから，

$$\begin{aligned}d(x) &= f(x)p(x) + g(x)q(x) \\ &= h(x)s_1(x)p(x) + h(x)s_2(x)q(x) \\ &= h(x)\{s_1(x)p(x) + s_2(x)q(x)\}\end{aligned}$$

となる．このことから，

$$\deg d(x) \geqq \deg h(x).$$

$d(x)$ はモニックと仮定していたので，$d(x)$ は $f(x)$ と $g(x)$ の最大公約数である． □

定理 3.14. $K[x]$ は体 K 上の多項式環で，$f(x),\ g(x),\ h(x) \in K[x]$ に対し，$(f(x), g(x)) = 1$ とする．このとき，次が成り立つ．

$$f(x) | g(x)h(x) \text{ ならば } f(x) | h(x).$$

証明．$(f(x), g(x)) = 1$ であるから，定理 3.13 より

$$f(x)p(x) + g(x)q(x) = 1 \qquad ①$$

を満たす $p(x), q(x) \in K[x]$ が存在する．
等式①の両辺に $h(x)$ を掛けると

$$h(x)f(x)p(x) + h(x)g(x)q(x) = h(x). \qquad ②$$

$f(x)|g(x)h(x)$ であるから

$$g(x)h(x) = f(x)s(x)$$

を満たす多項式 $s(x) \in K[x]$ が存在する．このとき，②より

$$h(x) = f(x)\{h(x)p(x) + s(x)q(x)\}$$

となる．このことは，$f(x)|h(x)$ を意味している． □

　$f(x)$ は次数が $n\ (> 0)$ の体 K 上の多項式とします．$f(x)$ は次数が共に 1 以上の 2 つの多項式の積に分解されるとき $f(x)$ は**可約**であると言い，そうでないとき**既約**であると言います．既約な多項式を**既約多項式**と言います．なお，1 次多項式はすべて既約であると定義します．

　$f(x) \in K[x]$ に対し，x のところに α を代入したとき，$f(\alpha) = 0$ となったとします．このとき，α を多項式 $f(x)$ の根と言います．

　α を根とする最小の次数である体 K 上の多項式 (実は既約多項式) で，モニック (最高次の係数が 1) なものを，**α の K 上の最小多項式**と言います．

　例えば，$K = \mathbb{R}$ (実数体) のとき $f(x) = x^2 + x + 1$ は既約多項式ですが，$x^3 - 1$ は $x^3 - 1 = (x - 1)(x^2 + x + 1)$ となりますから可約な多項式になります．

　なお，$K = \mathbb{Z}_7$ 上では，$f(x) = x^2 + x + 1$ は $f(2) = 2^2 + 2 + 1 = 0$ となりますから，因数定理により可約になります．実際，$x^2 + x + 1 = (x - 2)(x + 3)$ と書くことができます．

　$\omega = \dfrac{-1 + \sqrt{3}i}{2}$ $(i = \sqrt{-1})$ は $\mathbb{R}$ 上の多項式 $f(x) = x^2 + x + 1$ の根になります．$f(x)$ は既約でモニックな多項式ですから，$x^2 + x + 1$ は ω の R 上の最小多項式になっています．

　証明は省略しますが，よく知られている「素因数分解の一意性」に対応する次の定理が成り立ちます．証明も素因数分解の場合とほぼ同様です (証明については文献 [1]，[2] などを参照して下さい)．

3.5 多項式環のイデアル

定理 3.15. 体 K 上の多項式は既約多項式の積として，因子の順序と K の元の積を除いて一意的に分解される．

次に，既約多項式 f(x) のイデアル (f(x)) = f(x)K[x] に関する結果について述べましょう．

定理 3.16. K[x] は体 K 上の多項式環で，f(x) ∈ K[x] とするとき，次の 5 つの命題は互いに同値である．
   (1) f(x) は既約多項式である．
   (2) (f(x)) = f(x)K[x] は素イデアルである．
   (3) (f(x)) = f(x)K[x] は極大イデアルである．
   (4) K[x]/(f(x)) は整域である．
   (5) K[x]/(f(x)) は体である．

証明． 最初に (1)⇒(5) を示す．すなわち，f(x) ∈ K[x] が既約ならば，K[x]/(f(x)) は体であることを示す．そこで，

$$\overline{g(x)} \in K[x]/(f(x)) \ \text{で} \ \overline{g(x)} \neq \overline{0}$$

とする．このとき，$\overline{g(x)}$ は逆元を持つことを示す．$\overline{g(x)} \notin (f(x))$ であるから，f(x) は g(x) の約数ではない．f(x) は既約多項式であるから，f(x) の約数は 1(すなわち，K の元 $a \neq 0$) か f(x) 自身である．f(x) は g(x) の約数ではないから，

$$(f(x), g(x)) = 1$$

である．よって，ある多項式 p(x), q(x) ∈ K[x] が存在して，

$$f(x)p(x) + g(x)q(x) = 1$$

が成り立つ．これを剰余環 K[x]/(f(x)) で考えると

$$\overline{f(x)} \ \overline{p(x)} + \overline{g(x)} \ \overline{q(x)} = \overline{1}.$$

ここで、$\overline{f(x)} = \overline{0}$ であるから、$\overline{g(x)}\ \overline{q(x)} = \overline{1}$ となる．このことは，$K[x]/(f(x))$ の 0 でない元 $\overline{g(x)}$ は逆元 $\overline{q(x)} \neq \overline{0}$ を持つことを示している．したがって，$K[x]/(f(x))$ は体である．

次に，(4)⇒(1) を示す．そのことを，「$f(x) \in K[x]$ が既約多項式でないと仮定して矛盾を導く」ことで示す．

$f(x)$ が既約多項式でないと仮定すると，ある多項式 $r(x),\ s(x) \in K[x]$ が存在して

$$f(x) = r(x)s(x) \quad (0 < \deg r(x),\ \deg s(x) < \deg f(x))$$

と分解できる．これを剰余環 $K[x]/(f(x))$ において考えると，

$$\overline{0} = \overline{f(x)} = \overline{r(x)}\ \overline{s(x)}. \quad (\overline{r(x)} \neq \overline{0},\ \overline{s(x)} \neq \overline{0})$$

となる．整域は零因子を持たないので，$K[x]/(f(x))$ が整域であることに矛盾する．したがって，$f(x)$ は既約多項式である．

(5)⇒(4) であることは，体は整域であることから明らかである．また，(2)⇔(4) および (3)⇔(5) であることは，定理 3.10 の (1), (2) より明らかである．以上のことをまとめると，

$$(1) \Rightarrow (5),\ (4) \Rightarrow (1),\ (5) \Rightarrow (4),\ (2) \Leftrightarrow (4),\ (3) \Leftrightarrow (5)$$

となるから，5 つの命題は同値であることがわかる． □

例 3.5. 多項式環 $\mathbb{Q}[x]$ において $f(x) = x^2 - 2$ は既約多項式ですから，$\mathbb{Q}[x]/((x^2-2))$ は体になります．

3.6 環の準同型定理

ここでは，群の準同型定理に相当する環の準同型定理について述べます．

そのために，環の自然な準同型写像から話を始めます．

I は環 R のイデアルとします．R の元 a に対して a を含む剰余環 R/I の剰余類 $\overline{a}$ を対応させる写像を π とします．すなわち，

$$\pi: a(\in R) \to \overline{a}(\in R/I)$$

3.6 環の準同型定理

とします.このとき, π は環の準同型写像でしかも全射になります.

この写像 π を環 R から剰余環 R/I への**自然な準同型写像**と言います.これは群の場合と全く同様です.

いま,f を環 R から環 S への環の準同型写像とし,0_s を S の零元とします.

$$f^{-1}(0_s) = \{x | x \in R, f(x) = 0_s\}$$

を環の準同型写像 f の**核**と言い,記号 Ker f で表します.このとき,次が成り立ちます.

定理 3.17. R, S は環とし,f を R から S への環の準同型写像とする.このとき,Ker f は R のイデアルで,Ker f $\neq$ R である.

証明. いま,$a \in R$,$x \in$ Ker f とする.このとき,

$$f(ax) = f(a)f(x) = f(a)0_s = 0_s$$

なので,$ax \in$ Ker f.

f は加法群の準同型写像なので,Ker f は加法に関して加法群としての R の部分群である.よって,Ker f はイデアルである.また,

$$f(1_r) = 1_s \neq 0_s$$

なので Ker f $\neq$ R である. $\square$

例えば,環 R から R/I への自然な準同型写像 π の核はイデアル I になります.

環 R から環 S への環の準同型写像 f が単射であることが Ker f によって特徴付けられます.それが次の定理です.

定理 3.18. R と S は環とし,f は R から S への環の準同型写像とする.このとき,次の 2 つの命題は同値である.

(1) f は単射である.
(2) Ker f = (0).

証明. 最初に，(1)⇒(2) を示す．$a \in \operatorname{Ker} f$ とすると

$$f(a) = 0_S.$$

一方，

$$f(0) = 0_S.$$

f は単射であるから，$a = 0$．よって，$\operatorname{Ker} f \subset (0)$．
したがって，$\operatorname{Ker} f = (0)$．
(2)⇒(1)　$a, b \in R$ に対し，$f(a) = f(b)$ とする．
　この式の両辺に $f(b)$ の (加法群としての) 逆元 $-f(b)$ を右側から加えると，

$$f(a) - f(b) = f(b) - f(b) = 0_S.$$

よって，

$$f(a - b) = 0_S.$$

このことから，

$$a - b \in \operatorname{Ker} f = (0)$$

を得る．したがって，$a = b$．よって，f は単射である．以上から，2 つの命題は同値であることが示された． □

　それでは，環の準同型定理へと話を進めましょう．その内容は群の場合と同様です．写像を表す記号も群の場合に合わせることにします．

定理 3.19 (環の準同型定理)．ϕ は環 R から環 S への準同型写像とし，π を R から $R/\operatorname{Ker}\phi$ への自然な準同型写像とする．このとき，$\phi = \psi \circ \pi$ となるような同型写像

$$\psi \colon R/\operatorname{Ker}\phi \cong \operatorname{Im}\phi$$

がただ 1 つ存在する．

証明. 群の準同型定理より，ψ が加法群の準同型写像として存在し，$\mathrm{Im}\,\phi$ への加法群の同型写像となる．よって，ψ が積を保つことを示せばよい．

いま，$I = \mathrm{Ker}\,\phi$ とおく．R/I の任意の2つの元は，$a, b \in R$ により，$a+I$, $b+I$ と書くことができる．$\phi = \psi \circ \pi$ で ϕ は環の準同型写像であるから，

$$\psi(a+I)\psi(b+I) = (\psi \circ \pi(a))(\psi \circ \pi(b)) = \phi(a)\phi(b) = \phi(ab)$$
$$= \psi \circ \pi(ab) = \psi(ab+I) = \psi((a+I)(b+I)).$$

したがって，ψ は環の準同型写像である． □

この準同型定理を用いることにより，実用的な下記の定理が得られます．

定理 3.20. $f(x)$ は多項式環 $K[x]$ の n 次の既約多項式とする．このとき，α を $f(x)$ の1つの根とし

$$K[\alpha] = \{a_0 + a_1\alpha + \cdots + a_{n-1}\alpha^{n-1} | a_i \in K\}$$

という集合を考えると，$K[\alpha]$ は体であり，

$$K[x]/(f(x)) \cong K[\alpha]$$

が成り立つ．

証明. $h(x) \in K[x]$ とする．このとき，写像

$$\phi \colon h(x) \to h(\alpha) \quad (K[x] \to K[\alpha])$$

は環の準同型写像で，全射である．

次に，$(f(x)) \subset \mathrm{Ker}\,\phi$ を示す．

$K[x]$ の任意の元 $g(x)$ に対し，

$$\phi(f(x)g(x)) = \phi(f(x))\phi(g(x)) = f(\alpha)g(\alpha) = 0 \cdot g(\alpha) = 0$$

となるので，

$$(f(x)) \subset \mathrm{Ker}\,\phi.$$

また，

$$\phi(1) = 1 \neq 0 \text{ であるから } 1 \notin \mathrm{Ker}\,\phi.$$

よって，Ker φ ≠ K[x]．したがって，

$$(f(x)) \subset \mathrm{Ker}\,\phi \subsetneq K[x].$$

一方，f(x) は既約多項式であるから，定理 3.16 より (f(x)) は極大イデアルである．よって，

$$(f(x)) = \mathrm{Ker}\,\phi.$$

したがって，定理 3.19 (環の準同型定理) より

$$K[x]/(f(x)) \cong K[\alpha]$$

を得る．(f(x)) は極大イデアルであるから，定理 3.16 より，K[x]/(f(x)) は体である．よって，K[α] も体である． □

例 3.6. (1) 多項式 $x^2 - 3$ は多項式環 $\mathbb{Q}[x]$ で既約で，$\sqrt{3}$ は根です．よって，上記の定理から

$$\mathbb{Q}[x]/((x^2 - 3)) \cong \mathbb{Q}[\sqrt{3}].$$

(2) $\mathbb{R}[x]$ は実数体 $\mathbb{R}$ 上の多項式環で，$x^2 + 1$ は $\mathbb{R}[x]$ で既約しかも $i = \sqrt{-1}$ は根です．よって，

$$\mathbb{R}[x]/((x^2 + 1)) \cong \mathbb{R}[i].$$

また，明らかに

$$\mathbb{R}[i] = \{a + bi | i = \sqrt{-1} \in \mathbb{C}\} = \mathbb{C}.$$

になります．

3.7 体の拡大

体 L の部分体 K が与えられたとき，K ⊂ L と書き，体 L は体 K の **拡大体** であると言います．

2 つの体 K と L について，K ⊂ L であるとき，L は K 上の線形空間になります．なぜなら，一般に体 F 上の線形空間 V とは定義から

(1) V の任意の元 u, v に対し，$u + v$ も V の元である．
(2) 体 F の任意の元 c を，V の任意の元 v に掛けることができ，cv も V の元である．

という2つの性質を満たせばよいことになりますが，明らかに，L は K を含む体として，条件 (1), (2) を満たすので，L は K 上の線形空間と見なせるからです．

体 F 上の線形空間 V の**次元** n とは，n 個の1次独立な V の元 $v_1, v_2, \ldots, v_n$ が存在して，V の任意の元 v が

$$v = c_1 v_1 + c_2 v_2 + \ldots + c_n v_n \quad (c_i \in F,\ i = 1, \ldots, n)$$

と一意的に表されることであることを思い出しましょう．

しかし，L を K 上の線形空間と見なしたときは，次元という言葉は使わず，次の言葉を用います．

$K \subset L$ の2つの体に対して，L の K 上の線形空間としての次元を L の K 上の**拡大次数**と言い，$[L : K]$ で表します．
$[L : K]$ が有限ならば，L は K の**有限次拡大**，そうでないならば**無限次拡大**といいます．また，$d = [L : K] < \infty$ なら L は K の **d 次拡大**と言います．

例えば，複素数体 $\mathbb{C}$ は実数体 $\mathbb{R}$ の拡大体で，$\mathbb{C}$ の $\mathbb{R}$ 上の基底として 1, $i\ (= \sqrt{-1})$ をとれば，$\mathbb{C} = \{a + bi | a, b \in \mathbb{R}\}$ と表すことができますから，$[\mathbb{C} : \mathbb{R}] = 2$ となり，$\mathbb{C}$ は $\mathbb{R}$ の2次拡大になります．

定理 3.21. L は有限体で，L は体 M の有限次拡大であり，さらに M は体 K の有限次拡大であるとする．このとき，L は K の有限次拡大で

$$[L : K] = [L : M][M : K]$$

となる．

証明. $\ell = [L : M]$, $m = [M : K]$ とおく．$\{u_1, \ldots, u_\ell\}$ を L の M 上の基底，$\{v_1, \ldots, v_m\}$ を M の K 上の基底とする．ここで，

$$S = \{u_i v_j | i = 1, \ldots, \ell,\ j = 1, \ldots, m\}$$

とおく．$w \in L$ なら，$a_1, \ldots, a_\ell \in M$ があり，

$$w = a_1 u_1 + \cdots + a_\ell u_\ell \qquad \text{①}$$

と一意的に書くことができる．また，$b_{i1}, \cdots, b_{im} \in K$ があり

$$a_i = b_{i1}v_1 + \cdots + b_{im}v_m \qquad ②$$

となるので，②を①に代入すると

$$w = \sum_{i=1}^{\ell}\sum_{j=1}^{m} b_{ij}v_j u_i$$

となる．よって，S は加群として L を生成する．

いま，

$$\sum_{i=1}^{\ell}\sum_{j=1}^{m} b_{ij}v_j u_i = 0$$

とする．このとき，$w = 0$ と①より，

$$\sum_{i=1}^{\ell} a_i u_i = 0$$

である．$\{u_1, \ldots, u_\ell\}$ は M 上 1 次独立なので，

$$a_1 = a_2 = \cdots = a_\ell = 0$$

である．$\{v_1, \cdots, v_m\}$ も K 上 1 次独立なので，②より $b_{ij} = 0$ である．よって，S は K 上 1 次独立となり，L の K 上の基底である．したがって，

$$[L : K] = \ell m$$

であり，ℓ, m は有限であるから有限次拡大である． □

上記の定理で現れたような，K を L の拡大体とするとき，部分体 $M \subset L$ で K を含むものを K の拡大体 L の**中間体**と言います．また，体 K の元を係数とする多項式を **K 係数多項式**と呼ぶことにします．

定理 3.22. 体 L は体 K の拡大体で，$[L : K] = n$ ならば，L の任意の元はたかだか n 次の K 係数多項式の根である．

3.7 体の拡大

証明. L は K 上の n 次元線形空間であるから，L の任意の元 a に対して，n + 1 個の元

$$1, a, a^2, \ldots, a^n$$

はベクトルとして 1 次従属である．したがって，すべては 0 でない K の元 $c_0, c_1, \cdots, c_n$ が存在して

$$0 = c_0 1 + c_1 a + \cdots + c_n a^n = c_0 + c_1 a + \cdots + c_n a^n$$

が成り立つ．すなわち，n 次以下の K 係数多項式

$$f(x) = c_0 + c_1 x + \cdots + c_n x^n$$

に対して，$f(a) = 0$ となる．$f(x)$ は，K 上で既約でないかも知れないから，これは a が K 上たかだか n 次の K 係数多項式の根であることを示している． □

体 L は体 K の拡大体とします．上記のように $\alpha \in L$ が K 係数多項式の根になっているとき，α は **K 上代数的**であると言い，α が K 上代数的でなければ，α は **K 上超越的**であると言います．

L のすべての元が K 上代数的ならば，体 L は体 K の**代数拡大**と言い，そうでなければ**超越拡大**と言います．

ここで導入した言葉を用いると，定理 3.22 から次が得られます．

系 3.23. 体 L が体 K の有限次拡大ならば代数拡大である．

この系の対偶をとれば，

「体の超越拡大は無限次拡大である」

こともわかります．

これまで環 R 上の多項式環を考えてきましたが，これに似たことが体でも考えられます．

体 K は体 L の部分体で，α は L の任意の元とします．このとき，任意の $a_i, b_i \in K$ をとって，α の有理式

$$\frac{a_0 \alpha^n + a_1 \alpha^{n-1} + \cdots + a_n}{b_0 \alpha^n + b_1 \alpha^{n-1} + \cdots + b_n} \qquad (*)$$

$$(\text{ただし}, b_0 \alpha^n + b_1 \alpha^{n-1} + \cdots + b_n \neq 0)$$

の形に表される元の全体の集合を考えます.

α の有理式 2 つの和も積も有理式であり，0 でない α の有理式の逆数も有理式となりますから，この集合は体を作ります．この体を $K(\alpha)$ で表すと

$$K \subset K(\alpha) \subset L$$

となります．

$K(\alpha)$ を K に α を添加した体と言い，$K(\alpha)$ は K に 1 つだけの α を添加している拡大体になっています．$K(\alpha)$ は K, α を含む L の最小な中間体になります．

一般に，この $K(\alpha)$ のようにただ 1 個の元を添加して得られる K の拡大体を K の**単拡大** (あるいは**単純拡大**) と言います．

例えば，$\mathbb{Q}, \mathbb{R}$ をそれぞれ有理数体，実数体とすると $\mathbb{Q}$ は $\mathbb{R}$ の部分体です．

いま，$\sqrt{2} \in \mathbb{R}$ をとると，$\mathbb{Q}(\sqrt{2})$ は上記の有理式 (*) において $a_i, b_i \in \mathbb{Q}$ で，α のところに $\sqrt{2}$ を代入した式全体の集合になります．

ところで，$(\sqrt{2})^2 = 2$ ですから，$\mathbb{Q}(\sqrt{2})$ の式は，

$$\frac{c_0 + c_1\sqrt{2}}{d_0 + d_1\sqrt{2}}$$

(ただし，係数は有理数)

の形となり，分母を有理化すると

$$a + b\sqrt{2} \quad (a, b \in \mathbb{Q})$$

の形になります．

有理数を係数とする整式全体の作る体を $\mathbb{Q}[\sqrt{2}]$ で表したので，

$$\mathbb{Q}(\sqrt{2}) = \mathbb{Q}[\sqrt{2}]$$

となります．

このことは，一般にも成り立ちます．それが次の定理です．

定理 3.24. 体 L は体 K の拡大で，$\alpha \in L$ とする．このとき，α が K 上代数的ならば，

$$K(\alpha) = K[\alpha]$$

である．

3.7 体の拡大

証明. 多項式環 $K[x]$ から $K[\alpha]$ への環の準同型写像 φ を

$$\varphi : f(x) \to f(\alpha)$$

とする. α は K 上代数的であるから, $\mathrm{Ker}\,\varphi$ は (0) ではない. また, K は体であるから, 系 3.3 より, $K[\alpha]$ は整域である.

環の準同型定理によって

$$K[x]/\mathrm{Ker}\,\varphi \cong K[\alpha].$$

このことから, $K[x]/\mathrm{Ker}\,\varphi$ は整域であることがわかる. よって, 定理 3.16 より, $\mathrm{Ker}\,\varphi$ は素イデアルである.

$K[x]$ のイデアルはすべて単項イデアルで, $K[x]$ は整域であるから, $\mathrm{Ker}\,\varphi$ を生成するモニックな既約多項式 $f(x)$ が存在する. すなわち, $\mathrm{Ker}\,\varphi = (f(x))$ となる. よって,

$$K[x]/(f(x)) \cong K[\alpha].$$

$f(x)$ は既約であるから, 定理 3.16 より, イデアル $(f(x))$ は極大イデアルである. よって, 同じ定理から $K[\alpha]$ は体であることがわかる.

ところで, 明らかに $K[\alpha] \subset K(\alpha)$. 一方, $K(\alpha)$ は α と K を含む L の最小な中間体なので, $K(\alpha) \subset K[\alpha]$. したがって, $K(\alpha) = K[\alpha]$. □

上記では単拡大について述べましたので, より一般の拡大について簡単に述べておきましょう.

L は体 K の拡大体とし, S を L の部分集合とします. S が有限集合 $\{\alpha_1, \cdots, \alpha_n\}$ なら, K 係数の n 変数の有理式

$$\frac{f(x_1, \ldots, x_n)}{g(x_1, \ldots, x_n)}$$

に $x_1 = \alpha_1, \ldots, x_n = \alpha_n$ を代入したもの (ただし, $g(x_1, \ldots, x_n) \neq 0$) 全体の集合を $K(S)$, あるいは $K(\alpha_1, \cdots, \alpha_n)$ と定義します.

$K(S)$ は K, S を含む L の最小の中間体になります. $K(S)$ は **K に S を添加した体**, あるいは **K 上 S で生成された体** と言います. また, S は**生成系**, S の元は**生成元**と呼ばれています.

$K(S) = K(\alpha_1, \ldots, \alpha_n)$ は K に $\alpha_1, \ldots, \alpha_n$ を 1 つずつ次々と添加して得られる体と一致します.

3.8 有限体

いよいよラマヌジャングラフの構成に必要な有限体の話になります.

最初に, 体 (有限体とは限らない) の標数の定義をします.

その前に整数環 $\mathbb{Z}$ から環 R への「自然な準同型」として知られている写像の話をしましょう.

R を任意の環とし, 1_R は R の単位元とします. このとき, n が正の整数ならば

$$n \cdot 1_R = 1_R + \cdots + 1_R \quad (n \text{ 個の和})$$

と書きます.

$n = 0$ なら, $0 \cdot 1_R = 0$, $n < 0$ なら $n \cdot 1_R$ を $-(-n) \cdot 1_R$ と定義します. ここで, 写像 $\phi: \mathbb{Z} \to R$ を

$$\phi(n) = n \cdot 1_R$$

と定義すると, ϕ は環の準同型写像になります.

また, 写像 $\psi: \mathbb{Z} \to R$ が準同型ならば $\psi(1) = 1_R$ なので, $n > 0$ ならば帰納法により

$$\psi(n) = n \cdot 1_R$$

となります. $n < 0$ なら

$$\psi(n) = -\psi(-n)$$

となりますから, ϕ は $\mathbb{Z}$ から R へのただ1つの準同型写像であることがわかります.

この ϕ のことを $\mathbb{Z}$ から R への**自然な準同型写像**と言います.

では, 体の標数の定義へと話を進めます.

K は体とします. $\mathbb{Z}$ から K への自然な準同型写像

$$n \to n \cdot 1 \in K$$

を ϕ とすると, $\mathrm{Im}\, \phi$ は体 K の部分環なので整域になります.

環の準同型定理により

$$\mathbb{Z}/\mathrm{Ker}\, \phi \cong \mathrm{Im}\, \phi$$

3.8 有限体

なので,定理 3.16 より $\mathrm{Ker}\,\phi$ は素イデアルになります.したがって,$\mathrm{Ker}\,\phi = (0)$ または,ある素数 p があり $\mathrm{Ker}\,\phi = (p)$ となります.

p が素数である理由は,もし p が素数でないとすると,$p = qr$ (q, r は正の整数)と書くことができ,これは「(p) が素イデアル」ということに矛盾するからです.

ここで,標数の定義を与えましょう.

上記のもとで,$\mathrm{Ker}\,\phi = (0)$ ならば体 K の**標数**は 0 と言い,$\mathrm{Ker}\,\phi$ が素数 p で生成されるなら体 K の**標数**は p であると言います.

標数が 0 ($\mathrm{Ker}\,\phi = (0)$) ということは,$n = 0$ なので,1 を何倍しても 0 にならないということになります.したがって,有理数体 $\mathbb{Q}$ は標数 0 の体になります.実数体,複素数体など $\mathbb{Q}$ を含む体は標数 0 の体です.これらの場合はいずれも無限集合になっています.

元の個数が有限個の体を**有限体**と言います.

ここで,K は有限体としましょう.このとき,$\mathrm{Ker}\,\phi = (0)$ とすると,$\mathbb{Z} = \mathrm{Im}\,\phi$ となり,これは $\mathrm{Im}\,\phi$ が有限集合 K の部分集合であることに矛盾します.

したがって,$\mathrm{Ker}\,\phi = (p)$ (p は素数) でなくてはならないから,有限体の標数は素数になります.

p を素数とするとき,$\mathbb{Z}/(p)$ $(= \mathbb{Z}/p\mathbb{Z})$ は標数 p の体です.$\mathbb{Z}/(p)$ の元の個数は p 個ですから,標数 p の体は $\mathbb{Z}/(p)$ と同型な体を部分体として含むことになります.この体は K に含まれる最小の体で K の**素体**と呼ばれています.

体 $\mathbb{Z}/(p)$ は $\mathbb{F}_p$ で表すことが慣用になっていますので,今後はそれに従うことにします.

有限体について,上記のことをまとめると,次の定理になります.なお,今までは,体を表すのに K, L などを用いましたが,有限体は F で表すことにします.

定理 3.25. F は有限体とする.このとき,ある素数 p が存在して F は $\mathbb{F}_p$ の拡大体で標数は p である.

この定理のもとで次が成り立ちます.

> **定理 3.26.** 有限体 F は F_p の拡大体とする. このとき, 次が成り立つ.
>
> (1) 拡大次数を $[F : F_p] = n$ とすると, F の元の個数は p^n である.
> (2) F の任意の元 a に対して, $pa = 0$ である.
> (3) F の任意の元 a, b に対して,
> $$(a+b)^p = a^p + b^p$$
> である.

証明. (1) 拡大次数が n であるから, F は F_p をスカラーとする F_p 上の n 次元線形空間である. よって, 基底を $u_1, \ldots, u_n \in F$ として,

$$F = \{a_1 u_1 + \cdots + a_n u_n | a_1, \ldots, a_n \in F_p\}$$

と表すことができる. 組み合わせから, $a_1, \ldots, a_n$ の組の個数 p^n 個の元を持つ.
(2) F の任意の元 a は, (1) より,

$$a = a_1 u_1 + \cdots + a_n u_n \quad (a_1, \ldots, a_n \in F_p)$$

と書くことができる.
一方,

$$pa_1 = \cdots = pa_n = 0.$$

よって, F の任意の元 a の p 倍は 0 である.
(3) $(a+b)^p = a^p + b^p + \sum_{i=1}^{p-1} \binom{p}{i} a^i b^{p-i}$.
ところで, $1 \leqq i \leqq p-1$ のとき $\binom{p}{i}$ は p の倍数である. よって, (2) より求める結果を得る. □

3.9 原始元と原始多項式

3.9 原始元と原始多項式

最初に，原始元の定義の根拠となる重要な定理を述べます．そのために1つの補題を用意します．その内容は直感的にはごく自然なものです．なお，任意の有限体 F に対し，$F^* = F - \{0\}$ とします．

補題 3.27. 群 Γ の単位元を e とし，Γ の元 a の位数を n とする．このとき，正の整数 k に対して次が成り立つ．
$$a^k = e \Leftrightarrow n | k.$$

証明. ($\Rightarrow$) 元 a の位数の定義より，n は $a^\ell = e$ を満たす ℓ の中で最小の正の整数であるから，$k \geqq n$. そこで，k を n で割ると
$$k = nq + r \ (q \in \mathbb{Z}, \ 0 \leqq r < n)$$
と書くことができる．このとき，
$$a^k = a^{nq+r} = (a^n)^q a^r = e^q a^r = a^r.$$
仮定により
$$a^k = a^r = e.$$
よって，
$$a^r = e \quad (0 \leqq r < n).$$
n は位数であるから，その最小性より，$r = 0$ でなくてはならない．よって，$k = nq$ すなわち $n|k$. ($\Leftarrow$) $n|k$ であるから，ある正の整数 r が存在して $k = nr$ で表される．よって，
$$a^k = a^{nr} = (a^n)^r = e^r = e.$$
以上で証明は完了した． $\square$

定理 3.28. $q = p^n$ (p は素数，n は正の整数) 個の元を持つ有限体 F_q の 0 でない元の集合 F_q^* は位数 $(q-1)$ の巡回群である．

証明．F_q の 0 でない元の集合 $F_q{}^*$ は，F_q は体であるから，乗法に関して群になる．$F_q{}^*$ の位数は $q-1$ なので，0 でない元 a は $a^{q-1}=1$ を満たす．つまり，a は 1 の $(q-1)$ 乗根である．元 a の位数は $(q-1)$ の約数である．

そこで，位数 $(q-1)$ の元が存在することを示す．そのために，$F_q{}^*$ の a の位数 N が $N<q-1$ と仮定する．
このとき，$F_q{}^*$ の中には位数が N より大きいものが存在することを示せば，$F_q{}^*$ には位数 $(q-1)$ の元が存在することになる．

元 a の位数が N であるから $a^N=1$ である．よって，$F_q{}^*$ の元のうち高々 N 個の元が x^N-1 の根になる．

$N<q-1$ であるから，$F_q{}^*$ にはある元 b が存在して
$$b^N-1\neq 0.$$

この元 b の位数を M とすると，補題 3.27 より，
$$b^N\neq 1 \Leftrightarrow (M,\ N)=1.$$

よって，M と N の最小公倍数を ℓ とすれば $N<\ell$ である．よって，定理 2.26 より，$F_q{}^*$ には位数 $\ell\ (>N)$ の元が存在する．
したがって，$F_q{}^*$ には位数 $(q-1)$ の元が存在することとなり，$F_q{}^*$ は位数 $(q-1)$ の巡回群であることが示された． □

定理 3.28 より，$F_q{}^*$ は巡回群であることがわかりました．これは有限体の顕著な特徴の 1 つになります．

$F_q{}^*$ の生成元は有限体 F_q の**原始元**と呼ばれています ([4], p.70)．なお，$q=p$ のときは (すなわち F_p のときは)，原始元と呼ぶ代わりに (代数学での呼び名に合わせて) **原始根**と呼ぶことにします．また，**原始元を根に持つ F_p 上の最小多項式を原始多項式**と言います (代数学関係の本 (例えば文献 [1]) の定義とは異なるので注意して下さい)．これは $q=p^n$ のとき n 次多項式であり，もちろん既約多項式になります．

ここで，F_4 を例にとって，上記の内容について説明しましょう．

F_4 は $4=2^2$ ですから標数 2 の体です．$F_4{}^*$ は位数 3 の巡回群ですから，$\alpha^3=1$ を満たす $F_4{}^*$ の元 α が存在します．

そこで，多項式 $\alpha^2+\alpha+1$ の根を ω とすると，ω は原始根になります．原始多項式は x^2+x+1 です．したがって，
$$F_4=\{0,\ 1,\ \omega,\ \omega^2\}$$

3.9 原始元と原始多項式

となります．ここで，$\omega^2 + \omega + 1 = 0$ より $\omega^2 = \omega + 1$ であることに注意すれば

$$F_4 = \{0,\ 1,\ \omega,\ \omega+1\}$$

となります．

見方を変えれば，体 F_4 は $x^2 + x + 1$ の根 ω を F_2 に添加して得られる 2 次の単拡大体，すなわち，$F_4 = F_2(\omega)$ としてとらえることができます．

定理 3.28 の証明から，F_q の 0 以外の元はすべて 1 の $(q-1)$ 乗根で，それらの元全体の集合は位数が $(q-1)$ の巡回群になっていることがわかります．したがって，F_q は 1 の原始 $(q-1)$ 乗根（$(q-1)$ 乗してはじめて 1 になる根）α を F_p に添加して得られる単拡大体であることがわかります．したがって，次の定理が得られたことになります．

定理 3.29. $q = p^n$（p は素数，n は正の整数）とする．このとき，有限体 F_q は F_q の原始元 α を F_p に添加して得られる単拡大体である．すなわち，$F_q = F_p(\alpha)$．

この定理から F_q は F_p に多項式 $x^{q-1} - 1$ の根をすべて添加して得られる体であることを意味しています．したがって，$x^{q-1} - 1$ は F_q で 1 次式の積に分解されるので，$x^q - x$ は F_q で異なる q 個の解を持ちます．以上から次の結果が得られたことになります．

系 3.30. 有限体 F_q（$q = p^n$）は多項式 $x^q - x$ の互いに異なる q 個の根で構成される体である．

最後に，有限体のもう 1 つの顕著な結果について述べましょう．

定理 3.31. 元の個数が等しい 2 つの有限体は同型である．

証明． 2 つの有限体 F, H の元の個数が共に $q = p^n$（p は素数，n は正の整数）とする．このとき F と H が同型であることを示す．

体 F の乗法群 F* とし，体 F の原始元を α とする．このとき，$F = F_p(\alpha)$ である．$f(x)$ を α の F_p 上の最小多項式とすれば，定理 3.20 より，

$$F_p[x]/(f(x)) \cong F_p(\alpha) = F.$$

α は $f(x)$ の根であり，かつ $x^q - x$ の根でもある．$f(x)$ は最小多項式であるから，

$$f(x) | x^q - x.$$

一方，$x^q - x$ は H の中で 1 次式の積に分解されるから，$f(x)$ は H に根 β を持つ．すると $f(x)$ は β の F_p 上の最小多項式となるから，再び定理 3.20 より

$$F_p[x]/(f(x)) \cong F_p(\beta).$$

ゆえに，$F \cong F_p(\beta)$ となるので，$F_p(\beta)$ は q 個の元を持つ．$F_p(\beta)$ は H の部分集合であり，それぞれの元の個数が q であるから，$F_p(\beta) \cong H$ でなくてはならない．したがって，$F \cong H$. □

参考文献

第 3 章の作成にあたり，下記の文献が大いに役にたちました．記して感謝いたします．

[1] 雪江明彦，『代数学 2　環と体とガロア理論』日本評論社，2013.
[2] 新妻　弘・木村哲三，『群・環・体入門』，共立出版，2011.
[3] 草場公邦，『ガロワと方程式』，朝倉書店，2010.
[4] 平松豊一・知念宏司，『有限数学入門　有限上半平面とラマヌジャングラフ』，牧野書店，2003.
[5] R.C.Thompson,『Elementary Modern Algebra』, Scott, Foresman and Company, 1974.

文献に関するコメント：
　[2], [3] は読み易い本で一人でも読めますが，[1] は一人で読むというよりは自主ゼミ (仲間で輪読する) に適している本です．内容は豊富で充実しています．本章での術語の多くは [1] に従いました．[5] は古い本ですが分量を度外視して丁寧に書かれており読み易い本の一冊です．

第4章　ラマヌジャングラフの構成

いよいよラマヌジャングラフの構成の話に進みますが，そのための準備が必要になりますので，まずその話から始めます．

4.1 ケーリーグラフと差グラフ

Fは単位元 1 を持つ有限群とします．F の生成系 S で

$$\text{「} 1 \notin S \text{ かつ } s \in S \text{ なら } s^{-1} \in S \text{」} \qquad (*)$$

を満たすものを考えます．このような集合 S は**対称的**であると言います．このとき，
「F を点集合とし，F の 2 つの元 g, h に対し，

$$g = hs$$

となる $s \in S$ が存在するとき，2 点 g と h は隣接している」と定義して得られるグラフを，**対称的な生成系 S を持つ，F のケーリーグラフ (Cayley graph)** と言い，$G(F, S)$ で表します．

この定義だけではわかりにくいと思われるので，2つほど例をあげましょう．

例えば，3次の対称群 $S_3 = \{1, \alpha = (1\ 2\ 3), \beta = (1\ 3\ 2), \gamma = (1\ 2), \delta = (2\ 3), \iota = (1\ 3)\}$ は，S_3 の部分集合

$$\{\gamma = (1\ 2),\ \delta = (2\ 3),\ \iota = (1\ 3)\}$$

で生成されます．と言うのは，

$$1 = \gamma^2, \alpha = \gamma\delta, \beta = \delta\gamma$$

となるからです．

そこで，対称群 S_3 の生成系として，

$$\Omega = \{\gamma, \delta, \iota\}$$

を選びます．このとき，

$$1 \notin \Omega であり，\gamma^{-1} = \gamma,\ \delta^{-1} = \delta,\ \iota^{-1} = \iota$$

ですから，確かに条件 (∗) を満たしています．
よって，ケーリーグラフ $G(S_3, \Omega)$ は定義できます．
定義から

$$V(G(S_3, \Omega)) = \{1, \alpha, \beta, \gamma, \delta, \iota\}$$

で，例えば，$\alpha^{-1}\delta = \beta\delta = \iota \in \Omega$ となりますから，

$$\alpha\delta \in E(G(S_3, \Omega))$$

となります．他も同様にして調べると，図 4.1 に示してあるようなグラフ，つまり $K_{3,3}$ と同型なグラフが得られます．

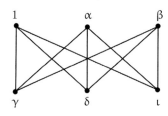

図 4.1

上記のケーリーグラフ $G(S_3, \Omega)$ が連結であることは明らかですが，一般に，ケーリーグラフは連結であることが定義から直ちにわかります．

次に，加法群 $\mathbb{Z}/6\mathbb{Z}$ を考えます．

$S = \{2, -2, 3\}$ とすると，S は生成系で対称的な集合になります．実際，

$$0 = 2 + (-2),\ 1 = 3 + 4,\ 5 = 2 + 3 \pmod 6$$

から，S は生成系であることがわかります．また S が対称的であることは，$3 \equiv -3 \pmod 6$ からわかります．

よって，S はケーリーグラフの条件を満たしています．

次に隣接関係を調べてみましょう．例えば点 1 と 4 は，

$$4 = 1 + 3\ (3 \in S)$$

4.1 ケーリーグラフと差グラフ

より,隣接していることがわかります.このようにしてすべての2点について調べると,ケーリーグラフ $G(\mathbb{Z}/6\mathbb{Z}, S)$ は図 4.2 に示されているグラフと同型なグラフになります.

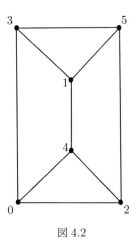

図 4.2

上記の 2 つの例からわかるように,ケーリーグラフ $G(F, S)$ は $|S|$-正則な連結グラフになります.

次に差グラフの話に移ります.

S は有限アーベル群 (有限な加法群)Γ の対称的な部分集合とします.このとき,「Γ を点集合とし,Γ の 2 つの元 g, h に対し,

$$g = h + s$$

となる $s \in S$ が存在するとき,2 点 g と h は隣接している」と定義して得られるグラフを,Γ の S に関する差グラフ (difference graph) と言い,$X_d(\Gamma, S)$ で表します.

〈注〉今までグラフを表すのに G を用いてきたのに,ここで突然にグラフを表すのに X を用いたことに違和感を覚えることでしょう.

第 1 章の 1.5 節でも述べましたが,ラマヌジャングラフを表すのに X が用いられています.差グラフを利用してラマヌジャングラフを構成することになるので差グラフを表すのに X を用いました.また 群論の本などでは有限アーベル群を表すのに A を用いることが多いのですが,グラフの隣接行列を表すのに A を用いますので,混

乱をさけるため Γ を用いました.

さて,ケーリーグラフと差グラフの定義の差は何かと言うと,それは S が生成系であるかどうかの違いになります. S が Γ の生成系ならば,差グラフ $X_d(\Gamma, S)$ はケーリーグラフになります.

差グラフ $X_d(\Gamma, S)$ は $|S|$-正則グラフになりますが, S は生成系でないので連結グラフになるとは限りません.

ここで,また加法群 $\mathbb{Z}/6\mathbb{Z}$ を考えます.

$S = \{2, -2\}$ とおくと, S は対称的ですが生成系ではありません. S は対称的なので差グラフ $X_d(\mathbb{Z}/6\mathbb{Z}, S)$ を作ることができます. そこで, 隣接関係を調べてみましょう.

例えば,
$$1 = 5 + 2 \qquad (2 \in S)$$
から,点 1 と 5 は隣接します.点 1 と 2 は
$$1 \neq 2 + 2 \text{ および } 1 \neq 2 + (-2)$$
ですから,これらの 2 点は隣接しません. どの 2 点もこのように調べると,差グラフ $X_d(\mathbb{Z}/6\mathbb{Z}, S)$ は図 4.3 に示されているようなグラフになります. もちろん連結なグラフではありません.

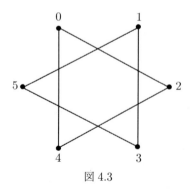

図 4.3

一般に,加法群 $\mathbb{Z}/n\mathbb{Z}$ $(n \geqq 3)$ に対して, S として
$$S = \{s_1, -s_1, \cdots, s_r, -s_r\}$$

の形の集合をとることができます．

証明は省略しますが，もし $(s_i, n) = 1$ ならば差グラフ $X_d(\mathbb{Z}/n\mathbb{Z}, S)$ はケーリーグラフになります．

例えば，$S = \{1, -1, 2, -2\}$ のとき，差グラフ

$$X_d(\mathbb{Z}/7\mathbb{Z}, S)$$

は図 4.4 に示されているようなケーリーグラフになります．

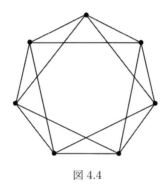

図 4.4

次にラマヌジャングラフの構成の話に入ります．

4.2 有限体による差グラフの構成法

$q = p^r$ (p は素数，r は正の整数) として，有限体 F_q を考えます．このとき，F_q^* は位数 $(q-1)$ の巡回群になります．

F_q の原始根を γ とすると，

$$F_q^* = \langle \gamma \rangle = \{1 = \gamma^0, \gamma, \ldots, \gamma^{q-2}\}$$

と書くことができます．

ここで，$\alpha \in F_q$ に対して

$$N_{F_q/F_p}(\alpha) = \alpha \cdot \alpha^p \cdot \alpha^{p^2} \cdots \alpha^{p^{r-1}},$$
$$tr_{F_q/F_p}(\alpha) = \alpha + \alpha^p + \alpha^{p^2} + \cdots + \alpha^{p^{r-1}}$$

をそれぞれ α のノルム，トレースと言います．なお，考えている体が文脈から明らかな場合は，ノルム，トレースを単に N, tr と書くことにします．

では，グラフの構成の話に入りましょう．

$q = p^r$ のとき，

$$N_r = \{\alpha \in F_q : N_{F_q/F_p}(\alpha) = 1\} \quad (r \geqq 2)$$

と定義します．

例えば，有限体 F_4 において，$4 = 2^2$ ですから，

$$N(\alpha) = \alpha \cdot \alpha^2 = \alpha^3, \ tr(\alpha) = \alpha + \alpha^2, \ N_2 = \{\alpha \in F_4 : \alpha^3 = 1\}$$

となります．

ここで，ノルム N と N_r との関係を調べてみましょう．

$$N(\alpha) = \alpha \cdot \alpha^p \cdot \alpha^{p^2} \cdots \alpha^{p^{r-1}} = \alpha^{1+p+\cdots+p^{r-1}} = \alpha^{\frac{p^r-1}{p-1}}$$

となります．記述の簡略化のため，$\frac{p^r-1}{p-1} = M$ とおきます．$q = p^r$ なので，F_q は F_p の r 次拡大で，標数は p になります．よって，$\alpha \in F_q^*$ に対し $N(\alpha) \in F_p^*$ で，$\alpha, \beta \in F_q^*$ に対して，

$$N(\alpha\beta) = (\alpha\beta)^M = \alpha^M \beta^M = N(\alpha) N(\beta)$$

が成り立ちます．

このことから，ノルム N は F_q^* から F_p^* への準同型写像になっていることがわかります．

$$N_r = \{\alpha \in F_q^* : N(\alpha) = 1\}$$

なので，

$$N_r = \text{Ker } N$$

であることがわかります．

4.2 有限体による差グラフの構成法

これからの当面の目標は，N_r がある条件のもとで加法群 F_q の対称的部分集合になっていることを示し，差グラフ $X_d(F_q, N_r)$ を作ることです．
"なぜ，差グラフ $X_d(F_q, N_r)$ がラマヌジャングラフに関係するのか" と思われることでしょう．

実は，$r = 2$ のとき差グラフ $X_d(F_q, N_2)$ がラマヌジャングラフになるのです．そうなれば，素数は無限にありますから，無限に多くのラマヌジャングラフを得ることができます．

それでは，N_r が対称的集合となることの証明から出発します．

定理 4.1. (1) 任意の整数 r ($\geqq 2$) に対して，
$$|N_r| = M.$$
(2) p または r が偶数のとき，N_r は F_q の対称的部分集合である．

証明．(1) 任意の $\alpha \in F_q$ に対して，$N(\alpha) = \alpha^M$ であるから，N_r の任意の元は F_p 上の多項式
$$x^M - 1$$
の根である．この多項式の相異なる根の個数は高々 M 個であるから
$$|N_r| \leqq M. \qquad \text{①}$$
一方，N_r は F_q^* から F_p^* への準同型写像 N の核であるから，群の準同型定理より，
$$F_q^* / \mathrm{Ker}\, N \cong F_q^* / N_r \cong N(F_q^*).$$
ところで，
$$N(F_q^*) \subset F_p^*$$
であるから，
$$(q-1)/|N_r| = |F_q^*/N_r| \leqq p - 1.$$
よって，
$$\frac{q-1}{p-1} \leqq |N_r| \text{ すなわち, } M \leqq |N_r|. \qquad \text{②}$$

したがって，①と②から，

$$|N_r| = M.$$

(2) $\alpha \in F_q$ で $N(\alpha) = \alpha^M = 1$ とする．このとき，定理の仮定のもとで，$N(-\alpha) = 1$ を示せばよい．

$$N(-\alpha) = (-\alpha) \cdot (-\alpha)^p \cdots (-\alpha)^{p^{r-1}} \tag{4.1}$$

$$= (-\alpha)^{\frac{p^r - 1}{p - 1}} = (-1)^M \alpha^M = (-1)^M. \tag{4.2}$$

ここで，M の符号を調べる．

(ⅰ) $p = 2$ のとき．

$q = 2^r$ であるから，F_q は標数 2 の体である．この場合，$-1 \equiv 1 \pmod{2}$ であるから，$N(-\alpha) = 1$．したがって，$-\alpha \in N_r$．

(ⅱ) p が奇数で r が偶数のとき．

$p = 2m + 1$, $r = 2n$ (m, n は正の整数) とおく．

$$1 + p + p^2 + \cdots + p^{r-1} = 1 + (2m+1) + (2m+1)^2 + \cdots + (2m+1)^{2n-1}$$

$$= 2n + 2(P(m)) \quad (P(m) \text{ は } m \text{ の多項式}).$$

よって，M は偶数になるので，$(-1)^M = 1$．したがって，$-\alpha \in N_r$．

□

上記の定理から，「p または r が偶数」のとき N_r は F_q の対称的部分集合になることがわかりました．したがって，この条件のもとで，差グラフ $X_d(F_q, N_r)$ を作ることができます．なお，今後差グラフを考えるときは，上記の条件 (p または r が偶数) がついているものとします．

ここで，実際に差グラフ $X_d(F_4, N_2)$ を求めてみましょう．

前章の 3.9 節で F_4 については調べてあるのでそれを利用します．多項式 $\alpha^2 + \alpha + 1$ の根を ω とすると

$$F_4 = \{0, 1, \omega, \omega + 1\}$$

となりました．よって，差グラフの点集合は

$$V(X_d(F_4, N_2)) = \{0, 1, \omega, \omega + 1\}$$

となります. $N_2 = \{\alpha \in F_4 : N(\alpha) = 1\}$ ですから,F_4 の元で $\alpha^3 = 1$ を満たすものを求めればよいことになります.よって,

$$N_2 = \{1,\ \omega,\ \omega + 1\}$$

となります.

点集合は $\{0,\ 1,\ \omega,\ \omega + 1\}$ なので,この集合の 2 つの元の差が N_2 に属すれば隣接していることになるので,実際に調べると次のようになります.

$$1 - 0 = 1 \in N_2,\ \omega - 0 = \omega \in N_2,\ \omega - 1 = \omega + 1 \in N_2,$$
$$\omega + 1 - 0 = \omega + 1 \in N_2,\ \omega + 1 - 1 = \omega \in N_2,\ \omega + 1 - \omega = 1 \in N_2.$$

よって,4 つの点は互いに隣接することとなり,差グラフ $X_d(F_4, N_2)$ は図 4.5 に示されている完全グラフ K_4 と同型なグラフになります.

図 4.5

完全グラフ K_p はラマヌジャングラフですから,$X_d(F_4, N_2)$ は当然ラマヌジャングラフです.

さて,差グラフ $X_d(F_q, N_r)$ が"いつラマヌジャングラフになるのか"を知るためには,その固有値を調べる必要があります.

差グラフ $X_d(F_q, N_r)$ は定理 4.1 より M-正則グラフになりますから,自明な固有値は M です."では,非自明な固有値は"ということになります.

そこで,Γ はアーベル群,S は Γ の対称的部分集合としたときの,差グラフ $X_d(\Gamma, S)$ の固有値全体の集合を求めることにします.

そのための準備が次節からの話になります.最初は差グラフ $X_d(\Gamma, S)$ の固有値を求めるための準備の話になります.

4.3 指標と指標群

Γ は有限アーベル群 (有限可換群) で，$\mathbb{C}^* = \mathbb{C} - \{0\}$ ($\mathbb{C}$ は複素数全体の集合) とします．$\mathbb{C}^*$ は通常の乗法のもとで群を作ります．ここでは，アーベル群を乗法群として取り扱います．

このとき，Γ から $\mathbb{C}^*$ の中への準同型写像を Γ の**指標** (あるいは **1 次の指標**) と言います．すべての $a \in \Gamma$ に対して 1 を対応させる指標は**単位指標**と呼ばれています．また，単位指標でない指標は**非自明な指標**と言います．

例えば，巡回群 $\Gamma = \{e, a, a^2\}$ $(a^3 = e)$ に対して，多項式 $x^3 - 1$ の根 $1, \omega, \omega^2$ を次ように対応させる写像 φ は 1 つの指標になります．

$$\varphi(e) = 1, \ \varphi(a) = \omega, \ \varphi(a^2) = \omega^2.$$

また，$\varphi(e) = \varphi(a) = \varphi(a^2) = 1$ なら，φ は単位指標になります．

この例で，なぜ 1 の 3 乗根を対応させたのかは次のような理由からです．

Γ は有限アーベル群ですから，任意の $a \in \Gamma$ に対し，$a^m = e$ (e は単位元) となる自然数 m が存在します．

Γ の指標 φ は準同型写像なので，$\varphi(e) = 1$ であることに注意すれば，

$$\varphi(a^m) = (\varphi(a))^m = 1$$

となります．したがって，任意の $a \in \Gamma$，任意の指標 φ に対して $\varphi(a)$ は 1 のべき根になります．

有限アーベル群 Γ の 2 つの指標 φ_1, φ_2 の積を，Γ の任意の元 a に対して

$$\varphi_1 \varphi_2(a) = \varphi_1(a) \varphi_2(a)$$

と定義すると，$\varphi_1 \varphi_2$ は指標となり，指標全体はアーベル群を作ります．このときの単位元は単位指標になります．これを Γ の**指標群**と呼び Γ^* で表します．

そこで，次に「有限アーベル群 Γ と指標群 Γ^* との関連」について調べることにします．

有限アーベル群 Γ は巡回群の直積に分解されることは「有限アーベル群の基本定理」としてよく知られている事実です ([1])．

いま，

$$\Gamma = \langle a_1 \rangle \times \langle a_2 \rangle \times \cdots \times \langle a_r \rangle \quad (a_i \text{ の位数は } n_i)$$

と分解されているものとします．このような分解を**直積分解**と言います．

4.3 指標と指標群

φ を Γ の指標とすれば，Γ の任意の元 $a = a_1{}^{x_1} a_2{}^{x_2} \cdots a_r{}^{x_r}$ に対して

$$\varphi(a) = \varphi(a_1)^{x_1} \varphi(a_2)^{x_2} \cdots \varphi(a_r)^{x_r}$$

となりますから，φ は $a_1, a_2, \ldots, a_r$ に対する値によって一意的に定まります．また，

$$\varphi(a_i)^{n_i} = \varphi(a_i{}^{n_i}) = \varphi(e) = 1$$

ですから，$\varphi(a_i)$ は 1 の n_i 乗根であることがわかります．

逆に，1 の n_i 乗根 ($i = 1, 2, \ldots, r$) を ζ_i とすれば，Γ の元 $a = a_1{}^{x_1} a_2{}^{x_2} \cdots a_r{}^{x_r}$ に $\zeta = \zeta_1{}^{x_1} \zeta_2{}^{x_2} \cdots \zeta_r{}^{x_r}$ を対応させる写像

$$\varphi(a) = \zeta_1{}^{x_1} \zeta_2{}^{x_2} \cdots \zeta_r{}^{x_r}$$

は Γ の指標で，$\varphi(a_i) = \zeta_i$ となります．

いま，ρ_i ($i = 1, 2, \cdots, r$) を 1 の原始 n_i 乗根 (n_i 乗して初めて 1 になる数) とし，指標 φ_i を

$$\varphi_i(a_i) = \rho_i, \; \varphi_i(a_1) = \varphi_i(a_2) = \cdots = \varphi_i(a_{i-1}) = \varphi_i(a_{i+1}) = \cdots = \varphi_i(a_r) = 1$$

となるように決めれば，任意の指標 φ に対して $\varphi(a_i) = \rho_i{}^{x_i}$ とするとき，φ は

$$\varphi = \varphi_1{}^{x_1} \varphi_2{}^{x_2} \cdots \varphi_r{}^{x_r}$$

と一意的に表されます．したがって，指標群は

$$\Gamma^* = \langle \varphi_1 \rangle \times \langle \varphi_2 \rangle \times \cdots \times \langle \varphi_r \rangle$$

と直積分解され，φ_i の位数は n_i になります．
以上の事柄から次の定理が得られます．

定理 4.2. 有限アーベル群 Γ の指標群 Γ^* は Γ に同型である．

ここで，定理の内容を具体例で見てみましょう．

例 4.1. $\Gamma = \{e, a, a^2\}$ ($a^3 = e$) とします．$a^3 = e$ ですから，次の 3 個の異なる指標が存在します．

$$\varphi_0: \quad e \to 1, a \to 1, \quad a^2 \to 1,$$
$$\varphi_1: \quad e \to 1, a \to \omega, \quad a^2 \to \omega^2,$$
$$\varphi_2: \quad e \to 1, a \to \omega^2, a^2 \to \omega,$$

ここで，$\varphi_1\varphi_1 = \varphi_2$ であることを確かめてみましょう．それは

$$\varphi_1\varphi_1(a) = \varphi_1(a)\varphi_1(a) = \omega\omega = \omega^2 = \varphi_2(a),$$
$$\varphi_1\varphi_1(a^2) = \varphi_1(a^2)\varphi_1(a^2) = \omega^2\omega^2 = \omega = \varphi_2(a^2)$$

が成り立つことからわかります．

そこで，$\varphi_1 = \varphi$，$\varphi_2 = \varphi^2$ と表して図 4.6 のような Γ と Γ^* の群の乗積表を作れば Γ と Γ^* が群として同型であることは一目瞭然でしょう．

$\Gamma:$

	e	a	a^2
e	e	a	a^2
a	a	a^2	e
a^2	a^2	e	a

$\Gamma^*:$

	φ_0	φ	φ^2
φ_0	φ_0	φ	φ^2
φ	φ	φ^2	φ_0
φ^2	φ^2	φ_0	φ

図 4.6

さて，上記の例 4.1 において，$\varphi(a)$ の共役複素数を $\overline{\varphi(a)}$ で表します．このとき，ω は多項式 $x^2 + x + 1$ の 1 つの根であることに注意すれば，

$$\varphi_1(e)\overline{\varphi_2(e)} + \varphi_1(a)\overline{\varphi_2(a)} + \varphi_1(a^2)\overline{\varphi_2(a^2)}$$
$$= 1 \cdot 1 + \omega \cdot \overline{\omega^2} + \omega^2 \cdot \overline{\omega} = 1 + \omega^2 + \omega = 0$$

であり，また，

$$\varphi_1(e)\overline{\varphi_1(e)} + \varphi_1(a)\overline{\varphi_1(a)} + \varphi_1(a^2)\overline{\varphi_1(a^2)}$$
$$= 1 \cdot 1 + \omega \cdot \overline{\omega} + \omega^2 \cdot \overline{\omega^2} = 1 + \omega^3 + \omega^3 = 3$$

であることも分かります．これらのことは一般にも成り立ちます．

定理 4.3. Γ は有限アーベル群，Γ^* をその指標群とする．このとき，次のことが成り立つ．

(1) 任意の $\varphi, \varphi' \in \Gamma^*$ に対して

$$\sum_{a \in \Gamma} \varphi(a)\overline{\varphi'(a)} = \delta_{\varphi\varphi'}|\Gamma|,$$

ここに，$\delta_{\varphi\varphi'} = \begin{cases} 1 & (\varphi = \varphi') \\ 0 & (\varphi \neq \varphi') \end{cases}$

(2) 任意の $a, b \in \Gamma$ に対して

$$\sum_{\varphi \in \Gamma^*} \varphi(a)\overline{\varphi(b)} = \delta_{ab}|\Gamma|,$$

ここに，$\delta_{\varphi\varphi'} = \begin{cases} 1 & (a = b) \\ 0 & (a \neq b) \end{cases}$

証明． (1) 単位指標を φ_0 で表し，φ を Γ^* の任意の指標とする．

$$\varphi = \varphi_0 \text{ ならば,} \sum_{a \in \Gamma} \varphi_0(a) = \sum_{a \in \Gamma} 1 = |\Gamma|.$$

$\varphi \neq \varphi_0$ ならば，$\varphi(b) \neq 1$ となる $b \in \Gamma$ が存在する．このとき，

$$\varphi(b) \sum_{a \in \Gamma} \varphi(a) = \sum_{a \in \Gamma} \varphi(a)\varphi(b) = \sum_{a \in \Gamma} \varphi(ab) \qquad ①$$

が成り立つ．

ここで，a が Γ の元全体をうごくとき，Γ は有限アーベル群であるから ab も Γ の元全体を重複なく動く．

よって, ①は $\sum_{a\in\Gamma}\varphi(a)$ に等しい. したがって,

$$\varphi(b)\sum_{a\in\Gamma}\varphi(a) = \sum_{a\in\Gamma}\varphi(a).$$

この式より,

$$(\varphi(b)-1)\sum_{a\in\Gamma}\varphi(a) = 0$$

を得る. $\varphi(b)\neq 1$ だから, 任意の指標 φ に対して

$$\sum_{a\in\Gamma}\varphi(a) = 0 \qquad ②$$

でなくてはならない.

ここで, 任意に $\varphi, \varphi_1 \in \Gamma^*$ をとり, $\varphi(a)$ は絶対値 1 の複素数であることに注意すれば,

$$\varphi(a)\overline{\varphi_1(a)} = \varphi(a)\varphi_1^{-1}(a) = (\varphi\varphi_1^{-1})(a). \qquad ③$$

よって, $\varphi = \varphi_1$ ならば, $\varphi\varphi_1^{-1} = \varphi_0$ であるから, ③より

$$\sum_{a\in\Gamma}\varphi(a)\varphi_1^{-1}(a) = \sum_{a\in\Gamma}\varphi_0(a) = \sum_{a\in\Gamma}1 = |\Gamma|.$$

$\varphi \neq \varphi_1$ ならば, $\varphi\varphi_1^{-1} \neq \varphi_0$ であるから,

$$\sum_{a\in\Gamma}\varphi(a)\varphi_1(a)^{-1} = \sum_{a\in\Gamma}(\varphi\varphi_1^{-1})(a).$$

$\varphi\varphi_1^{-1}$ は指標であるから, ②と③より

$$\sum_{a\in\Gamma}\varphi(a)\varphi_1^{-1}(a) = 0.$$

(2) 定理 4.2 より Γ と Γ^* は同型である. この同型によって, Γ を Γ^* の指標群と考えれば, (1) より所望の式が得られる. □

4.4 グラフの点集合上の線形空間

4.4 グラフの点集合上の線形空間

ここでの話も差グラフのスペクトルを考察するための準備になります.

$G = (V, E)$ は,第 1 章にしたがって,有限単純グラフを表すものとします.もちろん V, E はそれぞれグラフ G の点集合,辺集合を意味します.

点集合 V,辺集合 E に関連する線形空間として点空間 (vertex space) と辺空間 (edge space) が知られています ([4, p.47], [6, p.22]).

ここでは,差グラフのスペクトルを求めるための準備の話なので点空間のみに絞ります.

グラフ G の点集合 V 上の複素数値関数全体の集合は点空間と呼ばれ,$\mathbb{C}_0(G)$ で表記されています ([6, p.22]).
この定義だけではわかりにくいので,もう少し詳しく説明します.

いま,$V(G) = \{v_1, \ldots, v_n\}$ とします.このとき,$\mathbb{C}_0(G)$ は

$$\mathbb{C}_0(G) = \{f | f(v_i) = a_i, a_i \in \mathbb{C}\}$$

という集合のことです.したがって,関数

$$f : V(G) \to \mathbb{C}$$

は列ベクトル ${}^t(a_1, \cdots, a_n)$ で表現することができます.
集合 $\mathbb{C}_0(G)$ が空間と呼ばれる理由は,それが $\mathbb{C}$ 上の線形空間をなすからです.

ここで,その説明をしましょう.
$f, g \in \mathbb{C}_0(G)$, $\alpha \in \mathbb{C}$ に対して,和 $f + g$,スカラ-積 αf をそれぞれ

$$(f + g)(v) = f(v) + g(v), \quad (\alpha f)(v) = \alpha f(v) \quad (v \in V)$$

と定めると,$\mathbb{C}_0(G)$ は $\mathbb{C}$ 上の線形空間になります.このときの零ベクトルは,すべての $v \in V$ に対し 0 を対応させる関数になります.

$|V| = n$ のとき $\mathbb{C}_0(G)$ は n 次元線形空間になることも知られています ([4], [6]).
このことを念のため定理として述べ,その証明も与えることにします.

定理 4.4. $|V| = n$ のとき点空間 $\mathbb{C}_0(G)$ は $\mathbb{C}$ 上の n 次元の線形空間である.

証明. $\mathbb{C}_0(G)$ に n 個の 1 次独立なベクトル (関数) が存在し,$\mathbb{C}_0(G)$ の任意の元はその n 個のベクトルの 1 次結合で表されることを示せばよい.

$V = \{v_1, v_2, \ldots, v_n\}$ とし,n 個の関数 $\delta_1, \delta_2, \ldots, \delta_n$ を

$$\delta_i(v_j) = \begin{cases} 1 & (i = j) \\ 0 & (i \neq j) \end{cases} \qquad ①$$

と定義する.

このとき,任意の $f \in \mathbb{C}_0(G)$ に対し,$f(v_i) = a_i \ (i = 1, \ldots, n)$ とおくと,この f は,任意の $v \in V$ に対し

$$f(v) = a_1\delta_1(v) + a_2\delta_2(v) + \cdots + a_n\delta_n(v)$$

と表されるから,任意の f は $\delta_1, \delta_2, \ldots, \delta_n$ の 1 次結合で表される.

次に,$\delta_1, \delta_2, \ldots, \delta_n$ は $\mathbb{C}$ 上 1 次独立であることを示す.
$c_1, c_2, \ldots, c_n \in \mathbb{C}$ に対して

$$c_1\delta_1(v) + c_2\delta_2(v) + \cdots + c_n\delta_n(v) = 0 \qquad (v \in V)$$

が成り立つとする.この式で $v = v_1$ とおくと

$$c_1\delta_1(v_1) + c_2\delta_2(v_1) + \cdots + c_n\delta_n(v_1) = 0$$

であるから,①より $c_1 = 0$ を得る.
次に,順次 $v = v_2, \ldots, v_n$ とおくことにより

$$c_2 = \cdots = c_n = 0$$

が得られる.このことは,$\delta_1, \delta_2, \ldots, \delta_n$ が $\mathbb{C}$ 上 1 次独立であることを示している. □

上記の $\delta_1, \delta_2, \ldots, \delta_n$ を点空間 $\mathbb{C}_0(G)$ の**標準基底**と呼ぶことにします.
次に,点空間 $\mathbb{C}_0(G)$ に内積を導入しましょう.
$f, g \in \mathbb{C}_0(G)$ に対して,f と g の内積 (f, g) を

$$(f, g) = \sum_{v \in V} f(v)\overline{g(v)}$$

で定義します.(f, g) が内積の公理

(1) $(f, f) \geqq 0$, $(f, f) = 0 \Leftrightarrow f = 0$,
(2) $(f, g) = \overline{(g, f)}$,
(3) $(f + h, g) = (f, g) + (h, g) \quad (h \in \mathbb{C}_0(G))$,

(4) $(\alpha f, g) = \alpha(f, g)$ $(\alpha \in \mathbb{C})$

を満たすことは容易に確認できます．

$(f, g) = 0$ のとき，関数 f, g は**直交する**と言います．また，$\mathbb{C}_0(G)$ の基底 $\{\varphi_1, \ldots, \varphi_n\}$ で

$$(\varphi_i, \varphi_j) = \begin{cases} 1 & (i = j) \\ 0 & (i \neq j) \end{cases}$$

を満たすものは $\mathbb{C}_0(G)$ の**完全正規直交系**と呼ばれています．もちろん，標準基底 $\delta_1, \ldots, \delta_n$ は完全正規直交系になります．

4.5 隣接作用素の固有値と固有関数

$f \in \mathbb{C}_0(G)$ に対して，Af を

$$Af(v) = \sum_{\{v,w\} \in E} f(w)$$

で定義します．このときの A は $\mathbb{C}_0(G)$ 上の**隣接作用素 (adjacency operator)** と呼ばれています ([2], [3])．ここに，右辺は v に隣接する点 w 全体を動く和を表します．

すべての $v \in V$ に対し

$$Af(v) = \lambda f(v)$$

が成り立つとき，f を A の**固有関数**，λ を A の**固有値**と言います．

ここで実例をあげておきましょう．

例 4.2. $G = K_3$ は位数 3 の完全グラフとし，$V(G) = \{v_1, v_2, v_3\}$ とします (図 4.7 参照)．

第4章 ラマヌジャングラフの構成

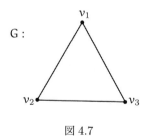

図 4.7

$f \in \mathbb{C}_0(G)$ に対し,

$$Af(v_1) = f(v_2) + f(v_3),$$
$$Af(v_2) = f(v_1) + f(v_3),$$
$$Af(v_3) = f(v_1) + f(v_2)$$

を満たす A が隣接作用素になります.

次に,f に対する A の固有値を求めてみよう.

すべての $v \in V(G)$ に対して $Af(v) = \lambda f(v)$ を満たす λ を求めればよいので,

$$Af(v_1) = \lambda f(v_1),\ Af(v_2) = \lambda f(v_2),\ Af(v_3) = \lambda f(v_3),$$

から,

$$\begin{cases} \lambda f(v_1) = f(v_2) + f(v_3) \\ \lambda f(v_2) = f(v_1) + f(v_3) \\ \lambda f(v_3) = f(v_1) + f(v_2) \end{cases}$$

が得られます.この3つの式の関係を行列を用いて表現すると,

$$\begin{pmatrix} \lambda & -1 & -1 \\ -1 & \lambda & -1 \\ -1 & -1 & \lambda \end{pmatrix} \begin{pmatrix} f(v_1) \\ f(v_2) \\ f(v_3) \end{pmatrix} = \begin{pmatrix} 0 \\ 0 \\ 0 \end{pmatrix} \qquad ①$$

となります.${}^t(f(v_1), f(v_2), f(v_3)) \neq {}^t(0,0,0)$ と仮定してよいので,①から

$$\begin{vmatrix} \lambda & -1 & -1 \\ -1 & \lambda & -1 \\ -1 & -1 & \lambda \end{vmatrix} = 0 \qquad ②$$

が得られます.②から λ を求めると,$\lambda = 2, -1$(重解)となり,これは完全グラフ K_3 の隣接行列の固有値と一致します.

上記の内容は任意の有限単純グラフに対しても成り立ちます．次はその話になります．

G は有限単純グラフとし，その点集合を $V = \{v_1, \ldots, v_n\}$ とします．$f \in \mathbb{C}_0(G)$ に対して，ベクトル $\mathbf{f}$ を

$$\mathbf{f} = {}^t(f(v_1), f(v_2), \ldots, f(v_n))$$

とおきます．

これは，$\mathbb{C}_0(G)$ の標準基底 $\{\delta_1, \delta_2, \ldots, \delta_n\}$ に関する f の数ベクトル表示になります．

ここで，G の隣接行列を (a_{ij}) として，これを $\mathbf{f}$ に左から掛けると

$$(a_{ij})\mathbf{f} = \begin{pmatrix} a_{11} & \cdots & a_{1n} \\ a_{21} & \cdots & a_{2n} \\ \vdots & \cdots & \vdots \\ a_{n1} & \cdots & a_{nn} \end{pmatrix} \begin{pmatrix} f(v_1) \\ f(v_2) \\ \vdots \\ f(v_n) \end{pmatrix} = \begin{pmatrix} \sum_{j=1}^n a_{1j} f(v_j) \\ \sum_{j=1}^n a_{2j} f(v_j) \\ \vdots \\ \sum_{j=1}^n a_{nj} f(v_j) \end{pmatrix} \quad ③$$

になります．

G は単純グラフですから，2 点 v_i と v_j が隣接しているとき $a_{ij} = 1$，そうでないとき $a_{ij} = 0$ となります．よって，式③の右辺の第 i 成分は

$$\sum_{j=1}^n a_{ij} f(v_j) = \sum_{\{v_i, v_j\} \in E} f(v_j) = \sum_{\{v_i, w\} \in E} f(w) = Af(v_i)$$

となります．ここに，A は上記で定義した隣接作用素です．

このことから，式③は $\mathbb{C}_0(G)$ の標準基底 $\{\delta_1, \delta_2, \ldots, \delta_n\}$ に関する $A\mathbf{f}$ の数ベクトル表示と見ることができます．よって，隣接行列は隣接作用素の行列表示になっていると言うことができます．したがって，これらは標準基底を通して同一視できます．このことから，当然のことですが，隣接行列の固有値と隣接作用素の固有値は一致することになります．そのようなことから，隣接作用素を表すのにも A を用いました．

4.6 有限アーベル群の差グラフの固有値

本節は差グラフ $X_d(\Gamma, S)$ の固有値を求める話になります．

S は有限アーベル群 Γ の対称的部分集合とします。ここでは，Γ の S に関する差グラフ $X_d(\Gamma, S)$ の固有値全体の集合について考察します．差グラフ $X_d(\Gamma, S)$ の位数は n で，A は隣接作用素とします．このとき，次の定理 4.5 が成り立ちます．

なお，アレンジをしていますが，これからの一連の結果は，本質的には文献 ([2]) によります．また，差グラフ $X_d(\Gamma, S)$ を単に X で表すことにします．

定理 4.5. (1) Γ は有限アーベル群で，$|\Gamma| = n$ とし，Γ^* はその指標群とする．このとき，各 $\psi_j \in \Gamma^*$ に対して，

$$\varphi_j(v) = \frac{1}{\sqrt{n}} \psi_j(v) \quad (v \in V(X))$$

とおくと，$\{\varphi_1, \ldots, \varphi_n\}$ は隣接作用素 A の固有関数からなる $\mathbb{C}_0(\Gamma)$ での完全正規直交系である．

(2) 差グラフ X の固有値全体の集合は

$$\left\{ \sum_{s \in S} \psi_j(s) : 1 \leqq j \leqq n \right\}$$

である．

証明．(1) 差グラフ X の点集合を V で表し，$V = \{v_1, \ldots, v_n\}$ とおく．v_i は差グラフ X の元であるから，Γ の元である．また，$\mathbb{C}_0(\Gamma)$ はグラフ X の点集合 V 上の複素数値関数全体の集合である．これらのことに注意すれば，指標の定義から $\varphi_j \in \mathbb{C}_0(\Gamma)$ であることがわかる．

そこで，$\varphi_1, \ldots, \varphi_n$ が $\mathbb{C}$ 上で 1 次独立であることを示す．

ある $c_1, \ldots, c_n \in \mathbb{C}$ と任意の $v \in V$ に対して

$$c_1 \varphi_1(v) + \cdots + c_n \varphi_n(v) = 0$$

が成り立つとする．

4.6 有限アーベル群の差グラフの固有値

$\nu = \nu_1, \ldots, \nu_n$ とすることにより,

$$c_1 \varphi_1(\nu_1) + \cdots + c_n \varphi_n(\nu_1) = 0$$
$$c_1 \varphi_1(\nu_2) + \cdots + c_n \varphi_n(\nu_2) = 0$$
$$\vdots$$
$$c_1 \varphi_1(\nu_n) + \cdots + c_n \varphi_n(\nu_n) = 0$$

を得る. これを行列で表現すると

$$\begin{pmatrix} \varphi_1(\nu_1) & \cdots & \varphi_n(\nu_1) \\ \varphi_1(\nu_2) & \cdots & \varphi_n(\nu_2) \\ \vdots & \vdots & \vdots \\ \varphi_1(\nu_n) & \cdots & \varphi_n(\nu_n) \end{pmatrix} \begin{pmatrix} c_1 \\ c_2 \\ \vdots \\ c_n \end{pmatrix} = \begin{pmatrix} 0 \\ 0 \\ \vdots \\ 0 \end{pmatrix} \quad \text{①}$$

となる. この式の左辺の $n \times n$ 行列を U とおく. ここで, ${}^t\overline{U}$ を求める.

$${}^t\overline{U} = \begin{pmatrix} \overline{\varphi_1(\nu_1)} & \cdots & \overline{\varphi_1(\nu_n)} \\ \overline{\varphi_2(\nu_1)} & \cdots & \overline{\varphi_2(\nu_n)} \\ \vdots & \vdots & \vdots \\ \overline{\varphi_n(\nu_1)} & \cdots & \overline{\varphi_n(\nu_n)} \end{pmatrix}$$

であるから, $U {}^t\overline{U}$ の (i,j) 成分は

$$\begin{aligned} u_{ij} &= \sum_{k=1}^{n} \varphi_k(\nu_i) \overline{\varphi_k(\nu_j)} \\ &= \sum_{k=1}^{n} \frac{1}{\sqrt{n}} \psi_k(\nu_i) \overline{\frac{1}{\sqrt{n}} \psi_k(\nu_j)} \\ &= \frac{1}{n} \sum_{k=1}^{n} \psi_k(\nu_i) \overline{\psi_k(\nu_j)} \end{aligned}$$

となる.

ψ_k は指標であるから, 指標の直交関係より

$$\sum_{k=1}^{n} \psi_k(\nu_i) \overline{\psi_k(\nu_j)} = \begin{cases} |\Gamma| & (i = j) \\ 0 & (i \neq j). \end{cases}$$

よって, $|\Gamma| = n$ であることに注意すれば,

$$u_{ij} = \begin{cases} 1 & (i = j) \\ 0 & (i \neq j) \end{cases}$$

を得る．

したがって，$U^t\overline{U}$ は単位行列になるから，

$$U^{-1} = {}^t\overline{U}.$$

これで U の逆行列の存在が示された．①の両辺に左から U^{-1} を掛けると

$$c_1 = c_2 = \cdots = c_n = 0$$

を得る．このことは，$\varphi_1, \ldots, \varphi_n$ が $\mathbb{C}$ 上で1次独立であることを示している．$\dim \mathbb{C}_0(\Gamma) = n$ であるから，$\varphi_1, \ldots, \varphi_n$ は $\mathbb{C}_0(\Gamma)$ の基底になる．また，

$$(\varphi_i, \varphi_j) = \sum_{v \in X} \varphi_i(v)\overline{\varphi_j(v)} = \frac{1}{|\Gamma|} \sum_{v \in X} \psi_i(v)\overline{\psi_j(v)}$$

であるから，

$$(\varphi_i, \varphi_j) = \begin{cases} 1 & (i = j) \\ 0 & (i \neq j) \end{cases}$$

を得る．よって，$\varphi_1, \ldots, \varphi_n$ は完全正規直交系である．

(2) 任意の j $(1 \leqq j \leqq n)$ に対して

$$\begin{aligned} A\varphi_j(v) &= \sum_{\{v,w\} \in E} \frac{1}{\sqrt{n}}\psi_j(w) = \sum_{s \in S} \frac{1}{\sqrt{n}}\psi_j(v+s) \\ &= \sum_{s \in S} \frac{1}{\sqrt{n}}\psi_j(s)\psi_j(v) \\ &= \left(\sum_{s \in S} \psi_j(s)\right)\varphi_j(v) \quad \left(\varphi_j(v) = \frac{1}{\sqrt{n}}\psi_j(v) \text{ より}\right) \end{aligned}$$

が成り立つ．

このことは，$\varphi_j(v)$ は A の固有関数で，固有値が $\sum_{s \in S} \psi_j(s)$ であることを示している．$\varphi_1, \ldots, \varphi_n$ は基底であるから，A の固有関数はそれらで尽くされるので，所望の結果が得られた． □

4.7 差グラフ $X = X_d(\mathbb{Z}/n\mathbb{Z}, S)$ のスペクトル

4.7 差グラフ $X = X_d(\mathbb{Z}/n\mathbb{Z}, S)$ のスペクトル

最初に加法群 $\mathbb{Z}/3\mathbb{Z}$ を考えます。$S = \{1, -1\}$ とおくと，S は $\mathbb{Z}/3\mathbb{Z}$ の対称的部分集合になりますから，差グラフ $X = X_d(\mathbb{Z}/3\mathbb{Z}, S)$ を作ることができ，それは完全グラフ K_3 に同型なグラフになります。そこで，$V(X) = \{0, 1, 2\}$ とします。多項式 $x^3 - 1$ の根を考えることにより，$\mathbb{Z}/3\mathbb{Z}$ の指標群は，$v \in V(X)$ に対して

$$\left\{\psi_j(v) = e^{\frac{2\pi i j v}{3}} \middle| j = 0, 1, 2\right\}$$

で与えられます。ここに，$i = \sqrt{-1}$ です。完全グラフの固有値はすでに求められていますが，ここでは，定理 4.5 (2) を用いて求めてみます。その定理により，差グラフ X の固有値は

$$\lambda_j = \sum_{s \in S} e^{\frac{2\pi i j s}{3}} \quad (j = 0, 1, 2)$$

となります。より具体的に求めると

$$\lambda_0 = e^0 + e^0 = 2, \ \lambda_1 = e^{\frac{2\pi i}{3}} + e^{\frac{-2\pi i}{3}} = -1,$$
$$\lambda_2 = e^{\frac{4\pi i}{3}} + e^{\frac{-4\pi i}{3}} = -1$$

となります。

完全グラフ K_p ($p \geq 3$) はラマヌジャングラフになりますから，当然 $X_d(\mathbb{Z}/3\mathbb{Z}, S)$ はラマヌジャングラフです。

同様に，加法群 $\mathbb{Z}/n\mathbb{Z}$ ($n \geq 3$) に対して，$S = \{1, -1\}$ とするとき，差グラフ $X = X_d(\mathbb{Z}/n\mathbb{Z}, S)$ を作ることができ，それは 2-正則グラフで閉路 C_n ($n \geq 3$) と同型なグラフになります。多項式 $x^n - 1$ の根を考えることにより，$\mathbb{Z}/n\mathbb{Z}$ の指標群は，$v \in V(X)$ に対し

$$\left\{\psi_j(v) = e^{\frac{2\pi i j v}{n}} \middle| j = 0, 1, \ldots, n-1\right\}$$

になります。よって，定理 4.5 (2) より，$\mathbb{Z}/n\mathbb{Z}$ の固有値は

$$\lambda_j = e^{\frac{2\pi i j}{n}} + e^{\frac{-2\pi i j}{n}} \quad (j = 0, 1, \ldots, n-1)$$

となります。

ここで，差グラフ $X_d(\mathbb{Z}/n\mathbb{Z}, S)$ がラマヌジャングラフかどうか調べてみましょう。

$$|\lambda_j| = \left|e^{\frac{2\pi i j}{n}} + e^{\frac{-2\pi i j}{n}}\right| = 2\left|\cos\frac{2\pi j}{n}\right| \leq 2$$

なので，ラマヌジャングラフになるための条件を満たします．したがって，$X_d(\mathbb{Z}/n\mathbb{Z}, S)$ はラマヌジャングラフです．

一般には加法群 $\mathbb{Z}/n\mathbb{Z}$ に対して，S を対称的部分集合として構成した差グラフ $X_d(\mathbb{Z}/n\mathbb{Z}, S)$ は必ずしもラマヌジャングラフになるとは限りません．例えば，4.1 節で紹介した差グラフ $X_d(\mathbb{Z}/6\mathbb{Z}, \{2, -2\})$ は連結グラフでないのでラマヌジャングラフではありません．

では，加法群 $\mathbb{Z}/n\mathbb{Z}$ に対し，「n と対称的部分集合 S ($|S| \geq 3$) をどのように定めればラマヌジャングラフになるのか」については読者に委ねます．

4.8 差グラフ $X = X_d(F_q, N_r)$ のスペクトル

$q = p^r$（p は素数，r は正の整数）として，有限体 F_q を考えます．「p または r が偶数」のとき差グラフ $X_d(F_q, N_r)$ が作れることを 4.2 節で学びました．ここでは，この差グラフの固有値を求めます．ここで，

$$N(\alpha) = \alpha \cdot \alpha^p \cdot \alpha^{p^2} \cdots \alpha^{p^{r-1}},$$
$$\mathrm{tr}(\alpha) = \alpha + \alpha^p + \alpha^{p^2} + \cdots + \alpha^{p^{r-1}}$$

であったことに注意しましょう．

定理 4.6. 差グラフ $X_d(F_q, N_r)$ の固有値全体の集合は

$$\left\{ \lambda_\alpha = \sum_{N(u)=1} \psi_\alpha(u) \,\middle|\, \alpha \in F_q \right\}$$

で与えられる．ここに，$\psi_\alpha(u) = e^{\frac{2\pi i \,\mathrm{tr}(\alpha u)}{p}}$ ($u \in F_q$)．

証明． $\alpha \in F_q$ に対して

$$\psi_\alpha(u) = e^{\frac{2\pi i \,\mathrm{tr}(\alpha u)}{p}} \quad (u \in F_q)$$

4.8 差グラフ $X = X_d(F_q, N_r)$ のスペクトル

とおく.最初に $\{\psi_\alpha | \alpha \in F_q\}$ は F_q の指標全体の集合であることを示す.

$u_1, u_2 \in F_q$ に対し

$$\psi_\alpha(u_1 + u_2) = e^{\frac{2\pi i \, tr\alpha(u_1+u_2)}{p}} = e^{\frac{2\pi i(tr(\alpha u_1)+tr(\alpha u_2))}{p}}$$
$$= e^{\frac{2\pi i \, tr(\alpha u_1)}{p}} e^{\frac{2\pi i \, tr(\alpha u_2)}{p}} = \psi_\alpha(u_1)\psi_\alpha(u_2)$$

が成り立つ.このことから ψ_α は加法群 F_q から C^* の中への準同型写像であることがわかる.よって F_q の指標である.

次に,$|F_q| = q$ 個の異なる指標が得られることを示す.

$\beta, \gamma \in F_q \ (\beta \neq \gamma)$ とする.このとき,

$$\frac{\psi_\beta(u)}{\psi_\gamma(u)} = \frac{e^{\frac{2\pi i \, tr(\beta u)}{p}}}{e^{\frac{2\pi i \, tr(\gamma u)}{p}}} = e^{\frac{2\pi i \, tr((\beta-\gamma)u)}{p}}.$$

$\beta \neq \gamma$ であるから,$(\beta - \gamma)u \neq 0$ となる $u \in F_q$ が必ず存在する.この u に対して

$$e^{\frac{2\pi i \, tr((\beta-\gamma)u)}{p}} \neq 1, \text{すなわち} \psi_\beta(u) \neq \psi_\gamma(u)$$

となる.

これは $\psi_\beta(u)$ と $\psi_\gamma(u)$ が F_q 上恒等的に等しくないことを示している.このことは写像として $\beta \neq \gamma$ のとき $\psi_\beta \neq \psi_\gamma$ であることを意味している.

よって,$|F_q| = q$ 個の異なる指標が得られることになる.ところで,

$$F_q{}^* \cong F_q$$

であるから,F_q の指標はこれで尽くされたことになる.したがって,定理 4.5 (2) より所望の結果が得られた. □

この定理を利用して,差グラフ $X_d(F_4, N_2)$ の固有値を求めてみよう.

最初に,$N(u) = u \cdot u^2 = u^3$ より,$u^3 = 1 \ (u \in F_4)$ を満たす u を求めよう.$F_4 = \{0, 1, \omega, \omega^2\}$ (ω は多項式 $x^2 + x + 1$ の根) に注意すれば

$$\{u \in F_4 | N(u) = 1\} = \{1, \omega, \omega^2\}$$

となります.

$$\psi_\alpha(u) = e^{\frac{2\pi i \, tr(\alpha u)}{2}} = e^{\pi i(\alpha u + (\alpha u)^2)}$$

なので，求める固有値は

$$\begin{aligned}
\lambda_0 &= \psi_0(1) + \psi_0(\omega) + \psi_0(\omega^2) \\
&= e^0 + e^0 + e^0 = 3, \\
\lambda_1 &= \psi_1(1) + \psi_1(\omega) + \psi_1(\omega^2) \\
&= e^{\pi i(1+1)} + e^{\pi i(\omega+\omega^2)} + e^{\pi i(\omega^2+\omega^4)} \\
&= 1 + e^{-\pi i} + e^{-\pi i} = -1, \\
\lambda_\omega &= \psi_\omega(1) + \psi_\omega(\omega) + \psi_\omega(\omega^2) \\
&= e^{\pi i(\omega+\omega^2)} + e^{\pi i(\omega^2+\omega^4)} + e^{\pi i(\omega^3+\omega^6)} = e^{-\pi i} + e^{-\pi i} + e^{2\pi i} = -1, \\
\lambda_{\omega^2} &= \psi_{\omega^2}(1) + \psi_{\omega^2}(\omega) + \psi_{\omega^2}(\omega^2) \\
&= e^{\pi i(\omega^2+\omega^4)} + e^{\pi i(\omega^3+\omega^6)} + e^{\pi i(\omega^4+\omega^8)} \\
&= e^{-\pi i} + e^{2\pi i} + e^{-\pi i} = -1,
\end{aligned}$$

となります．

4.9 差グラフがラマヌジャングラフになる条件

最初に差グラフ $X_d(F_q, N_r)$ (p は素数, $q = p^r$) がラマヌジャングラフになるための条件を求めます．そのためには次の定理が必要になります．

定理 4.7. 差グラフ $X_d(F_q, N_r)$ の固有値を λ_α とする．このとき，$\alpha \in F_q^*$ に対して

$$|\lambda_\alpha| \leqq r p^{\frac{r-1}{2}} \qquad (*)$$

が成り立つ．

この定理の証明は本書のレベルを超えてしまえますので割愛します．証明については文献 [2] を参照して下さい．

4.9 差グラフがラマヌジャングラフになる条件

上記の不等式 (*) を利用することによって，差グラフ $X_d(F_q, N_r)$ がラマヌジャングラフになる条件が得られます．それが次の定理です．

定理 4.8. $r \geqq 2$ で，q または r は偶数とする．このとき次が成り立つ．

(1) 差グラフ $X_d(F_q, N_r)$ は連結である．

(2) $X_d(F_q, N_2)$ はラマヌジャングラフである．

証明． (1) 相加平均 $\geqq$ 相乗平均 より，

$$\frac{1 + p + \cdots + p^{r-1}}{r} \geqq \sqrt[r]{1 \cdot p \cdot \cdots \cdot p^{r-1}}$$
$$= \sqrt[r]{p^{1+2+\cdots+(r-1)}} = \sqrt[r]{p^{\frac{r(r-1)}{2}}} = p^{\frac{r-1}{2}}.$$

よって，

$$rp^{\frac{r-1}{2}} \leqq 1 + p + \cdots + p^{r-1} = \frac{p^r - 1}{p - 1}.$$

等号が成立するのは $1 = p = \cdots = p^{r-1}$ の場合のみである．$p \geqq 2$ なので等号は成立しない．よって，不等式 (*) より $\alpha \neq 0$ である限り

$$|\lambda_\alpha| < \frac{p^r - 1}{p - 1}.$$

定理 4.1 (1) より $X_d(F_q, N_r)$ は $\frac{p^r-1}{p-1}$-正則グラフであるから，自明な固有値は $\lambda_0 = \frac{p^r-1}{p-1}$ で，その重複度は 1 である．よって，グラフ理論でよく知られている定理「グラフが連結であるための必要十分条件は最大固有値に属する固有ベクトルの成分がすべて正でありかつその重複度が 1 である [7, p.17]」より，$X_d(F_q, N_r)$ は連結グラフであることがわかる．

(2) $r = 2$ のとき，$X_d(F_q, N_2)$ の次数は

$$\frac{p^2 - 1}{p - 1} = p + 1$$

である．よって，$X_d(F_q, N_2)$ は $(p+1)$-正則グラフである．したがって，$\alpha \neq 0$ ならば不等式 (*) より

$$|\lambda_\alpha| \leqq 2\sqrt{p} = 2\sqrt{((p+1) - 1)}$$

となるから，$X_d(F_q, N_2)$ はラマヌジャングラフである．□

$q = p^r$ (p は素数, r は正の整数) ですから，ラマヌジャングラフ $X_d(F_q, N_2)$ を無限に多く構成することができます．ここで，具体例を示しましょう．

例 4.3. ラマヌジャングラフ $X_d(F_9, N_2)$ の構成．
$X_d(F_9, N_2)$ は，$9 = 3^2$ であることに注意すれば，

$$|F_9| = 9, \quad \frac{3^2 - 1}{3 - 1} = 4$$

なので，位数 9 の 4-正則グラフであることがわかります．次に $X_d(F_9, N_2)$ の点集合を求めます．

F_9 は標数 3 の体で，$[F_9 : F_3] = 2$ ですから，原始多項式は F_3 上の 2 次式になります．原始多項式は既約多項式ですから，最初に F_3 上の既約多項式を求めることにします．

F_3 上の 2 次式は x^2, $x^2 + 1$, $x^2 + 2$, $x^2 + x$, $x^2 + x + 1$, $x^2 + x + 2$, $x^2 + 2x$, $x^2 + 2x + 1$, $x^2 + 2x + 2$ ですが，このうち既約多項式は

$$x^2 + 1, \ x^2 + x + 2, \ x^2 + 2x + 2$$

の 3 個のみです．と言うのはこれら以外の式に 0, 1, 2 のいずれかを代入すると 0 となるからです．

原始多項式の根を α とすると，$\alpha^8 = 1$ を満たさなくてはなりません．そこで，$x^2 + x + 2$ の根を α とすると，

$$\alpha^2 = -\alpha - 2 = 2\alpha + 1$$

より

$$\alpha^8 = (2\alpha + 1)^4 = (\alpha^2 + \alpha + 1)^2 = 2^2 = 1.$$

よって，$x^2 + x + 2$ は原始多項式になります．この根を α とすると，定理 3.29 より

$$F_9 = \{0, 1, \alpha, \alpha^2, \alpha^3, \alpha^4, \alpha^5, \alpha^6, \alpha^7\}$$

となります．ところで，

$$\alpha^2 = 2\alpha + 1, \ \alpha^3 = 2\alpha + 2, \ \alpha^4 = 2, \ \alpha^5 = 2\alpha, \ \alpha^6 = \alpha + 2, \ \alpha^7 = \alpha + 1$$

4.9 差グラフがラマヌジャングラフになる条件

ですから,
$$F_9 = \{0, 1, 2, \alpha, \alpha+1, \alpha+2, 2\alpha, 2\alpha+1, 2\alpha+2\}$$
となります.これが $X_d(F_9, N_2)$ の点集合になります.

次に,隣接関係を調べます.$N(\alpha) = \alpha \cdot \alpha^3 = \alpha^4$ ですから,
$$N_2 = \{\alpha \in F_9 : \alpha^4 = 1\}.$$
4 乗して 1 となる F_9 の元を見つけると
$$N_2 = \{1, \alpha^2, \alpha^4, \alpha^6\} = \{1, 2\alpha+1, 2, \alpha+2\}$$
となります.

このことから,例えば点 1 と隣接する点は
$$1+1,\ 1+(2\alpha+1),\ 1+2,\ 1+(\alpha+2)$$
すなわち,
$$2,\ 2\alpha+2,\ 0,\ \alpha$$
となります.このようにして,他の点についても調べると次のようになります.

グラフの点 i	点 i に隣接する点			
0	1,	$2\alpha+1$,	2,	$\alpha+2$
2	0,	2α,	1,	$\alpha+1$
α	$\alpha+1$,	1,	$\alpha+2$,	$2\alpha+2$
$\alpha+1$	$\alpha+2$,	2	α,	2α
$\alpha+2$	α,	0,	$\alpha+1$,	$2\alpha+1$
2α	$2\alpha+1$,	$\alpha+1$,	$2\alpha+2$,	2,
$2\alpha+1$	$2\alpha+2$,	$\alpha+2$,	2α,	0
$2\alpha+2$	2α,	α,	$2\alpha+1$,	1.

以上のことを図示すると図 4.8 と同型なグラフが得られます.

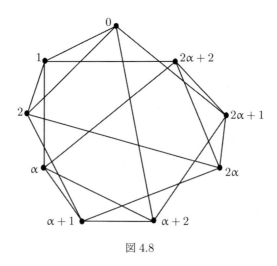

図 4.8

同様にして，実際には計算等は複雑になりますが，

$$X_d(F_{25}, N_2),\ X_d(F_{49}, N_2),\ X_d(F_{121}, N_2),\ \ldots$$

を次々と構成することができます．
いずれの場合も原始多項式が必要となりますが，それを求めるのは容易ではありません．

次に，原始多項式の判定条件が知られているので ([2], [7])，それを述べましょう．

4.10 原始多項式の判定条件

4.10 原始多項式の判定条件

> **定理 4.9.** $f(x) \in F_p[x]$ はモニックな k $(k \geqq 1)$ 次既約多項式とする．このとき，次が成り立つ．
> $f(x)$ は F_p 上の原始多項式 $\Leftrightarrow (-1)^k f(0)$ が F_p の原始根であり，かつ $f(x) | (x^r - \alpha)$ となる $\alpha \in F_p$ が存在するような最小の r が $r = \frac{p^k - 1}{p - 1}$ である．

この判定条件を用いて，ラマヌジャングラフ $X_d(F_{25}, N_2)$ を構成するのに必要な F_5 上の原始多項式を求めてみよう．

$[F_{25} : F_5] = 2$ ですから，原始多項式は F_5 の元を係数とするモニックな 2 次式になります．

最初に，F_5 の原始根を求めます．

$$F_5 \cong \mathbb{Z}/5\mathbb{Z} = \{0, 1, 2, 3, 4\}$$

です．そこで

$$F_5{}^* = \{1, 2, 3, 4\}$$

が

$$F_5{}^* = \langle \gamma \rangle = \{1, \gamma, \gamma^2, \gamma^3\}$$

となったとします．ところで，

$$2^0 = 1, \ 2^1 = 2, \ 2^2 = 4, \ 2^3 = 3 \pmod{5}$$

ですから，原始根の 1 つとして $\gamma = 2$ としてよいことになります．

いま，

$$f(x) = x^2 + ax + b \qquad (a, \ b \in F_5)$$

とおくと，$(-1)^2 f(0) = b$ が F_5 の原始根でなくてはならないから，$b = 2$ としてよいことになります．

このとき，$f(x) = x^2 + ax + 2$ は既約でなくてはなりませんから，少なくとも

$$f(1) = 1 + a + 2 \neq 5$$

でなくてはなりません．よって，

$$a = 0, \ 1, \ 3, \ 4$$

の場合を考えればよいことになります．また，原始多項式の根を α とすると，$\alpha^{24} = 1$ を満たさなくてはなりません．

$a = 0$ のとき，$f(x) = x^2 + 2$ となり，

$$x^2 + 2 | x^4 - 4 \quad (4 \in F_5)$$

ですが，

$$r = \frac{5^2 - 1}{5 - 1} = 6$$

なので，判定条件より

$$f(x) = x^2 + 2$$

は原始多項式ではありません．

$a = 1$ のときは

$$f(x) = x^2 + x + 2$$

となります．このとき，

$$x^2 + x + 2 | x^6 - 2 \quad (2 \in F_5))$$

および

$$r \leqq 5, \ \alpha \in F_5 に対し, f(x) \nmid (x^r - \alpha)$$

であることは容易に確かめることができます．
したがって，$x^2 + x + 2$ は原始多項式の1つであることがわかります．

これによってグラフ $X_d(F_{25}, N_2)$ を構成することができます (実際の構成は読者にゆだねます)．

同様にして，$X_d(F_{49}, N_2)$ の構成に必要な原始多項式も求めることができます．
F_7 の原始根は3ですから，原始多項式は

$$f(x) = x^2 + ax + 3$$

とおくことができます．あとは上記と同様な手続きで，原始多項式の1つが

$$x^2 + x + 3$$

4.10 原始多項式の判定条件

であることがわかります．なお，ラマヌジャングラフ

$$X_d(F_{121}, N_2),\ X_d(F_{169}, N_2),\ X_d(F_{289}, N_2),\ X_d(F_{361}, N_2)$$

の構成に必要な原始多項式の1つが，それぞれ

$$x^2 + x + 2,\ x^2 + x + 2,\ x^2 + x + 3,\ x^2 + x + 2$$

であることが知られています [2].

以上のように構成されるラマヌジャングラフの性質等についての議論は別の機会とします．

参考文献

第4章の作成にあたり，下記の文献が大いに役にたちました．記して感謝いたします．

[1] 雪江明彦,『代数学1　群論入門』, 日本評論社, 2010.
[2] 平松豊一・知念宏司,『有限数学入門　有限上半平面とラマヌジャングラフ』, 牧野書店, 2003.
[3] 熊原敬作・砂田利一,『数理システム科学』, 日本放送出版協会, 2002.
[4] 竹中淑子,『線形代数的グラフ理論』, 培風館, 1989.
[5] 永尾　汎,『群論の基礎』, 朝倉書店, 1967.
[6] N.Biggs,『Algebraic Graph Theory』, Cambridge University Press, 1974.
[7] D.Cvetković, P.Rowlinson and S.Simić,『An Introduction to the Theory of Graph Spectra』, Cambridge University Press, 2010.
[8] R.Lidl and H.Niederreiter,『Introduction to Finite Fields and Their Applications』, Cambridge University Press, 1986.
[9] G.Davidoff, P.Sanak, A.Valette,『Elementary Number Theory, Group Theory, and Ramanujann Graphs』, London Mathematical Society, Student Texts 55, Cambridge University Press, 2010.
[10] W.Li, Character sums and abelian Ramanujan graphs, J.Number Theory 41, 199-217 (1992).

文献に関するコメント：

[3] には「ラマヌジャングラフとゼータ関数」に関する話が載っています (pp.205-209). また, [6] は「代数的グラフ理論」として定評のある本です.

付章 四元数・線形群からラマヌジャングラフの構成へ

この章では 4 元数,線形群などを用いて,ラマヌジャングラフを構成する方法の概略を述べます.そのための準備として,4 元数,線形群,S_p の構成,$S_{p,q}$ の構成と順を追って話を進めます.そこで,4 元数の話から始めます.

A.1 4元数とは

i, j, k という形式的な記号を考えて,その間の積を

$$ii = jj = kk = -1,\ ij = -ji = k,\ jk = -kj = i,\ ki = -ik = j$$

で定めます.なお,ii, jj, kk をそれぞれ i^2, j^2, k^2 と表します.

実数 a, b, c, d を係数とする

$$a + bi + cj + dk$$

を 4 元数と言います.

4 元数の和を

$$(a + bi + cj + dk) + (a' + b'i + c'j + d'k)$$
$$= (a + a') + (b + b')i + (c + c')j + (d + d')k$$

で,積を

$$(a + bi + cj + dk)(a' + b'i + c'j + d'k)$$
$$= (aa' - bb' - cc' - dd') + (ab' + a'b + cd' - c'd)i$$
$$+ (ac' + ca' - bd' + db')j + (ad' + da' + bc' - b'c)k$$

で定義します.

和 (加法) は交換法則, 結合法則を満たし, 乗法は結合法則を満たします. しかし,
$$ij = -ji \neq ji, \ jk = -kj \neq kj, \ ki = -ik \neq ik$$
ですから, 乗法は交換法則を満たしません.

例えば,
$$(2+i)(3+j) = 6 + 3i + 2j + k$$
ですが
$$(3+j)(2+i) = 6 + 3i + 2j - k$$
となり一致しません.

4元数
$$\alpha = a + bi + cj + dk$$
に対し
$$\overline{\alpha} = a - bi - cj - dk$$
とおき, それぞれの**共役**と言います. このとき
$$\alpha\overline{\alpha} = a^2 + b^2 + c^2 + d^2$$
となります. この
$$\alpha\overline{\alpha}$$
を α の**ノルム**と言い, $\|\alpha\|$ あるいは $N(\alpha)$ で表します.

ノルムに関しては, α_1, α_2 を4元数とするとき
$$N(\alpha_1\alpha_2) = N(\alpha_1)N(\alpha_2)$$
が成り立ちます.

2つの4元数の間の積を明確に表すときは, 記号・を用いることにします.

0でない4元数 $\alpha = a + bi + cj + dk$ に対して
$$\alpha^{-1} = \frac{\overline{\alpha}}{\|\alpha\|}$$
とおくと
$$\alpha^{-1} \cdot \alpha = \alpha \cdot \alpha^{-1} = 1$$
が成り立ちますから, 4元数全体の集合 H は非可換な体 (斜体) になることがわかります.

A.2 線形群

K は体とします。このとき，集合
$$\mathrm{GL}_2(\mathrm{K}) = \left\{ \begin{pmatrix} a & b \\ c & d \end{pmatrix} \middle| a,\ b,\ c,\ d \in \mathrm{K},\ ad - bc \neq 0 \right\}$$
は群をなします。この群は体 K 上の**一般線形群 (general linear group)** と呼ばれています。また，
$$\mathrm{SL}_2(\mathrm{K}) = \left\{ \begin{pmatrix} a & b \\ c & d \end{pmatrix} \middle| a,\ b,\ c,\ d \in \mathrm{K},\ ad - bc = 1 \right\}$$
は $\mathrm{GL}_2(\mathrm{K})$ の部分群になっています。$\mathrm{SL}_2(\mathrm{K})$ は (2 次元) **特殊線形群 (special linear group)** と呼ばれています。

いま，行列 A, H はそれぞれ $\mathrm{GL}_2(\mathrm{K})$, $\mathrm{SL}_2(\mathrm{K})$ の任意の元とします。このとき，
$$\det(\mathrm{AHA}^{-1}) = \det \mathrm{A} \det \mathrm{H} \det(\mathrm{A}^{-1}) = \det \mathrm{H} = 1$$
ですから，
$$\mathrm{AHA}^{-1} \in \mathrm{SL}_2(\mathrm{K}).$$
このことは，$\mathrm{SL}_2(\mathrm{K})$ は $\mathrm{GL}_2(\mathrm{K})$ の正規部分群であることを示しています。

$\mathrm{K} = \mathrm{F}_q$ ($q = p^r$, p は素数, r は正の整数) のとき，$\mathrm{GL}_2(\mathrm{K})$, $\mathrm{SL}_2(\mathrm{K})$ をそれぞれ $\mathrm{GL}_2(q)$, $\mathrm{SL}_2(q)$ で表します。
特に，$r = 1$ のときは $\mathrm{GL}_2(p)$, $\mathrm{SL}_2(p)$ と表すことになります。

命題 A.1. (1) $|\mathrm{GL}_2(p)| = p(p-1)(p^2-1)$.
(2) $|\mathrm{SL}_2(p)| = p(p^2-1)$.

証明. (1) $A = \begin{pmatrix} a & b \\ c & d \end{pmatrix} \in \mathrm{GL}_2(p)$ とする。$\det A \neq 0$ より列ベクトル $\begin{pmatrix} a \\ c \end{pmatrix}$, $\begin{pmatrix} b \\ d \end{pmatrix}$ は 1 次独立でなくてはならない。

$|F_p| = p$ であるから,ベクトル $\begin{pmatrix} a \\ c \end{pmatrix}$ の成分 a の選び方は p 通りで c の選び方も p 通りある. よって,ベクトル $\begin{pmatrix} a \\ c \end{pmatrix}$ の選び方は p^2 通りであるが,$\begin{pmatrix} 0 \\ 0 \end{pmatrix}$ は除かなくてならないから,$\begin{pmatrix} a \\ c \end{pmatrix}$ の選び方の総数は $p^2 - 1$ 通りである.

ベクトル $\begin{pmatrix} a \\ c \end{pmatrix}$, $\begin{pmatrix} b \\ d \end{pmatrix}$ は 1 次独立であるから,$\begin{pmatrix} b \\ d \end{pmatrix}$ の選び方は p^2 個から $\begin{pmatrix} a \\ c \end{pmatrix}$ のスカラー倍個のベクトル,すなわち p 個を除かなくてはならない. よって,

$$|GL_2(p)| = (p^2 - 1)(p^2 - p) = p(p-1)(p^2 - 1).$$

(2) $A = \begin{pmatrix} a & b \\ c & d \end{pmatrix} \in SL_2(p)$ とする. $ad - bc = 1$ より,a, b, c が決まれば d は決まる. $\begin{pmatrix} a \\ c \end{pmatrix}$ の選び方の総数は $p^2 - 1$ 通りで,b の選び方は p 通りある. $ad - bc = 1$ より,$\begin{pmatrix} a \\ c \end{pmatrix}$, $\begin{pmatrix} b \\ d \end{pmatrix}$ は 1 次独立. よって,$|SL_2(p)| = p(p^2 - 1)$. □

次に,$SL_2(K)$ や $GL_2(K)$ の剰余群を定義します. 剰余群

$$PSL_2(K) = SL_2(K) \Big/ \left\{ \begin{pmatrix} \varepsilon & 0 \\ 0 & \varepsilon \end{pmatrix} \Big| \varepsilon = \pm 1 \right\}$$

は (2 次元の) **射影特殊線形群 (projective special linear group)** と呼ばれています. また,

$$PGL_2(K) = GL_2(K) \Big/ \left\{ \begin{pmatrix} \lambda & 0 \\ 0 & \lambda \end{pmatrix} \Big| \lambda \in K^* \right\}$$

と定義します.

ここで,具体的に $PSL_2(3)$ や $PGL_2(5)$ の内容とそれぞれの位数 (元の個数) を調べてみましょう.

$SL_2(3)$ の元を A とすると,$PSL_2(3)$ において $A, -A (= 2A)$ は同じ同値類に属します. つまり,同一視します. よって,$|SL_2(p)| = 3(3^2 - 1) = 24$ なので,

$$|PSL_2(3)| = 12$$

となります.

次に $PGL_2(5)$ を考えてみます.

$$1, 2, 3, 4 \in F_5{}^*$$

ですから，$GL_2(5)$ の任意の元を B とすると

$$B,\ 2B,\ 3B,\ 4B$$

は，$PGL_2(5)$ では，同じ同値類に属します．つまりそれらを同一視します．よって，$|GL_2(5)| = 5(5-1)(5^2-1) = 480$ なので，

$$|PGL_2(5)| = |GL_2(5)|/4 = 120$$

となります．

上記の具体例から明らかに次のことが言えます．

命題 A.2.

(1) $|PSL_2(p)| = \begin{cases} p(p^2-1) & (\text{p は偶数}) \\ p(p^2-1)/2 & (\text{p は奇数}) \end{cases}$.

(2) $|PGL_2(p)| = p(p^2-1)$.

A.3　集合 S_p の構成

$H(\mathbb{Z}) = \{a_0 + a_1 i + a_2 j + a_3 k | a_0,\ a_1,\ a_2,\ a_3 \in \mathbb{Z}\}$ とします．すなわち，整数 $a_0,\ a_1,\ a_2,\ a_3$ を係数とする 4 元数全体の集合とします．$H(\mathbb{Z})$ の元を **整 4 元数** と呼びます．

いま，整 4 元数 $\alpha = a_0 + a_1 i + a_2 j + a_3 k$ のノルムを p とします．このとき，次のことが知られています [1, pp.67-68]．

> **定理 A.3.** p は奇素数 (3 以上の素数) とする．このとき，不定方程式
> $$a_0^2 + a_1^2 + a_2^2 + a_3^2 = p$$
> は $8(p+1)$ の整数解を持ち，その整数解の組み合わせはノルム p の 4 元数 $\alpha = a_0 + a_1 i + a_2 j + a_3 k$ に対応する．さらに，もし $p \equiv 1 \pmod 4$ ならば，1 つの a_i が奇数で，残りはすべて偶数であり，もし $p \equiv 3 \pmod 4$ ならば，1 つの a_i が偶数で，残りはすべて奇数である．

この定理をもとにして集合 S_p を構成します．

そこで，ε を $\{\pm 1, \pm i, \pm j, \pm k\}$ の中の 1 つとします．この ε は 4 元数の**単数**と呼ばれています．α を任意の 4 元数とするとき，α と $\varepsilon\alpha$ は同伴であると言います．

p は奇素数で $\alpha \in H(\mathbb{Z})$ とします．このとき，定理 A.3 より，
$$a_0^2 + a_1^2 + a_2^2 + a_3^2 = p$$
は $8(p+1)$ の整数解を持ちます．この整数解の組み合わせはノルム p の整 4 元数
$$\alpha = a_0 + a_1 i + a_2 j + a_3 k$$
に対応します．さらに，定理 A.3 より，

（ i ）$p \equiv 1 \pmod 4$ ならば，1 つの a_i が奇数で，残りはすべて偶数，

（ ii ）$p \equiv 3 \pmod 4$ ならば，1 つの a_i が偶数で，残りはすべて奇数

であることがわかります．

唯一の奇数または偶数となる係数を a_i^0 で表すことにします．

（ ii ）の場合は $a_i^0 \neq 0$ と $a_i^0 = 0$ の可能性があります．そこで，場合分けして話を進めます．

（ I ）　$a_i^0 \neq 0$ のとき．

$\varepsilon\alpha$ として 8 個の 4 元数が考えられますが，a_0 として a_i^0 を持つ α_i だけにしぼります．

これだけの説明だけではわかりにくいと思われるので具体例をあげておきましょう．

例えば，
$$a_0^2 + a_1^2 + a_2^2 + a_3^2 = 5$$

A.3 集合 S_p の構成

の解は $(2,1,0,0)$, $(0,2,1,0)$, ... など全部で $8(5+1) = 48$ 個あります.
$(2,1,0,0)$ に対応する 4 元数は $\alpha = 2+i$ になります. このとき, α に同伴な 4 元数 $\varepsilon\alpha$ は

$$\{2+i,\ -2-i,\ -1+2i,\ 1-2i,\ 2j-k,\ -2j+k,\ j+2k,\ -j-2k\}$$

の 8 個です. 1 が唯一の奇数になので, この組の中から $a_0 = 1$ となる $1-2i$ を選びます.

(II) $a_i{}^0 = 0$ のとき.

この場合は, $p \equiv 3 \pmod{4}$ の場合に限られます. このときは $a_0 = 0$ になる 4 元数 β_j を作ることができます.
$\varepsilon\overline{\beta_j} = -\varepsilon\beta_j$ ですから, β_j か $\overline{\beta_j}$ のどちらか一方をとります.

例えば,

$$a_0{}^2 + a_1{}^2 + a_2{}^2 + a_3{}^2 = 11$$

の解の組には, $11 \equiv 3 \pmod{4}$ なので, 偶数は 1 つのみです. この方程式の解は,

$$(1,0,3,1),\ (0,\ 1,\ 3,\ 1),\ \ldots$$

など全部で $8(11+1) = 96$ 個で, 唯一の偶数は 0 になります.

いま, $(1,0,3,1)$ に対応する 4 元数を考えると, それは, $1+3j+k$ です. これに同伴な 4 元数は

$$\{1+3j+k,\ -1-3j-k,\ i-j+3k,\ -i+j-3k,$$
$$-3+i+j,\ 3-i-j,\ -1-3i+k,\ 1+3i-k\}$$

の 8 個です. この中の $i-j+3k$ をとればよいことになります.
つまり, 「$a_i{}^0 \neq 0$ か 0」 にかかわらず, 8 個ずつ $p+1$ 組に分類した中から, 1 つずつ選ぶということになります.

ここで,

$$a_0{}^2 + a_1{}^2 + a_2{}^2 + a_3{}^2 = p$$

の解の部分集合 (4 元数による表現)S_p を考えます.

S_p には $a_i{}^0 > 0$ のときは α_j と $\overline{\alpha_j}$ を共に入れて, $a_0 = 0$ のときには β_j と $-\beta_j$ のどちらか一方をいれます.
すなわち,

$$S_p = \{\alpha_1,\ \overline{\alpha_1},\ \alpha_2,\ \overline{\alpha_2},\ \ldots,\ \alpha_s,\ \overline{\alpha_s},\ \beta_1,\ \ldots,\ \beta_t\}$$

となります.
ここに, $\alpha_j \overline{\alpha_j} = -\beta_j{}^2 = p$, $2s + t = |S_p| = p + 1$.
この S_p の定義は文献 [1, p.68] によります.

ここで,実際に S_3, S_5 を求めてみましょう.

S_3 の場合.

$p = 3$ なので, $p \equiv 3 \pmod{4}$ ですから,
$$a_0{}^2 + a_1{}^2 + a_2{}^2 + a_3{}^2 = 3$$
の解は偶数が 1 つ (この場合は 0) で他はすべて奇数になります. $a_0 = 0$ のときの解を実際に列挙すると
$$\{(0, 1, 1, 1),\ (0, -1, 1, 1),\ (0, 1, -1, 1),\ (0, 1, 1, -1),\ (0, -1, -1, 1),$$
$$(0, -1, 1, -1),\ (0, 1, -1, -1),\ (0, -1, -1, -1)\}$$
の 8 個になります.

S_3 はこれに対応する 4 元数の集合ですが, (II) より, 例えば, $i + j + k$ をとったときは, $-i - j - k$ はとらないことになります. このようにして S_3 を求めると
$$S_3 = \{i + j + k,\ i + j - k,\ i - j + k,\ i - j - k\}$$
となります.

S_5 の場合

$p = 5$ より, $p \equiv 1 \pmod{4}$ ですから,
$$a_0{}^2 + a_1{}^2 + a_2{}^2 + a_3{}^2 = 5$$
の解は奇数が 1 つで他はすべて偶数になります.

$a_0 = 1$ のときの解は
$$\{(1, 2, 0, 0),\ (1, 0, 2, 0),\ (1, 0, 0, 2),\ (1, -2, 0, 0),$$
$$(1, 0, -2, 0),\ (1, 0, 0, -2)\}$$
の 6 個で, $(1, 2, 0, 0)$ に対応する 4 元数は $\alpha_1 = 1 + 2i$ になります. この場合 S_5 の中には $\overline{\alpha_1} = 1 - 2i$ も入ることになります.

次に, $\alpha_2 = 1 + 2j$ をとると, $\overline{\alpha_2} = 1 - 2j$ も S_5 入ります. このようにして S_5 を求めると
$$S_5 = \{1 + 2i,\ 1 - 2i,\ 1 + 2j,\ 1 - 2j,\ 1 + 2k,\ 1 - 2k\}$$
になります.

A.4　集合 $S_{p,q}$ の構成

前節で定義した S_p をもとにして構成する集合 $S_{p,q}$ の話から始めます．次の事実を既知とします [1, p.58].

> **命題 A.4.** $q = p^r$ (p は素数, r は正の整数) とする．このとき,
> $$x^2 + y^2 + 1 = 0$$
> を満たすような整数 $x, y \in F_q$ は常に存在する．

これから 3 つの写像 τ_q, ψ_q, φ を定義します．

p, q ($p < q$) は異なる奇素数とし，K は標数 2 でない体とします．また，
$$H(K) = \{a_0 + a_1 i + a_2 j + a_3 k | a_0, a_1, a_2, a_3 \in K\}$$
とします．このとき，写像 τ_q を
$$\tau_q : H(Z) \to H(F_q)$$
で定義します．

例えば，
$$\tau_5 : 6 + 2i + j + 7k \in H(Z) \to 1 + 2i + j + 2k \in H(F_5)$$
となります．

次に，$H(F_q)$ から $M_2(F_q)$ への写像 ψ_q を
$$\psi_q(a_0 + a_1 i + a_2 j + a_3 k) = \begin{pmatrix} a_0 + a_1 x + a_3 y & -a_1 y + a_2 + a_3 x \\ -a_1 y - a_2 + a_3 x & a_0 - a_1 x - a_3 y \end{pmatrix}$$
で定義します．ここに，x, y は $x^2 + y^2 + 1 = 0$ の体 F_q における任意の解で，$M_2(F_q)$ は F_q の元を成分に持つ 2×2 行列のことです．

さらに，写像 φ を自然な準同型

$$\varphi : \mathrm{GL}_2(q) \to \mathrm{PGL}_2(q)$$

とします．上記の写像のもとで

$$S_{p,q} = (\varphi \circ \psi_q \circ \tau_q) S_p$$

と定めます．
証明は後で述べますが

$$S_{p,q}{}^{-1} = S_{p,q}$$

が成り立ちます．つまり $S_{p,q}$ は $\mathrm{PGL}_2(q)$ における対称的部分集合になっています．

ここで，$S_{3,5}$ を作ってみましょう．

$$S_3 = \{i+j+k,\ i+j-k,\ i-j+k,\ i-j-k\}$$

ですから，S_3 の元に τ_5 を作用させても同じものになります．

次に，$x^2 + y^2 + 1 = 0$ の F_5 での解として $(x, y) = (2, 0)$ を選びます．このとき，

$$\psi_5(a_0 + a_1 i + a_2 j + a_3 k) = \begin{pmatrix} a_0 + 2a_1 & a_2 + 2a_3 \\ -a_2 + 2a_3 & a_0 - 2a_1 \end{pmatrix}$$

となりますから，写像 ψ_5 により

$$i+j+k \to \begin{pmatrix} 2 & 3 \\ 1 & -2 \end{pmatrix}, \quad i-j-k \to \begin{pmatrix} 2 & -3 \\ -1 & -2 \end{pmatrix},$$

$$i-j+k \to \begin{pmatrix} 2 & 1 \\ 3 & -2 \end{pmatrix}, \quad i+j-k \to \begin{pmatrix} 2 & -1 \\ -3 & -2 \end{pmatrix}$$

となります．よって，$-2 \equiv 3 \pmod{5}$ などに注意すれば，

$$M_2(F_5) = \left\{ \begin{pmatrix} 2 & 3 \\ 1 & 3 \end{pmatrix}, \begin{pmatrix} 2 & 2 \\ 4 & 3 \end{pmatrix}, \begin{pmatrix} 2 & 1 \\ 3 & 3 \end{pmatrix}, \begin{pmatrix} 2 & 4 \\ 2 & 3 \end{pmatrix} \right\}$$

となります．これを φ で $\mathrm{PGL}_2(5)$ の中に写すことで $S_{3,5}$ が得られます．$M_2(F_5)$ のどの元も，$\mathrm{PGL}_2(5)$ の同じ同値類に属さないから，$M_2(F_5)$ と一致し，

$$S_{3,5} = \left\{ \begin{pmatrix} 2 & 3 \\ 1 & 3 \end{pmatrix}, \begin{pmatrix} 2 & 2 \\ 4 & 3 \end{pmatrix}, \begin{pmatrix} 2 & 1 \\ 3 & 3 \end{pmatrix}, \begin{pmatrix} 2 & 4 \\ 2 & 3 \end{pmatrix} \right\} \subset \mathrm{PGL}_2(5)$$

となります．

A.4 集合 $S_{p,q}$ の構成

さらに, $S_{3,5}{}^{-1}$ を求めてみましょう.

$PGL_2(5)$ の任意の元を C とすると, $1, 2, 3, 4 \in F_5{}^*$ より, C, 2C, 3C, 4C は同じ同値類に属します.

このことに注意して $S_{3,5}$ の逆元を調べてみます.

$$\begin{pmatrix} 2 & 3 \\ 1 & 3 \end{pmatrix}^{-1} = \frac{1}{3}\begin{pmatrix} 3 & -3 \\ -1 & 2 \end{pmatrix} = \frac{6}{3}\begin{pmatrix} 3 & 2 \\ 4 & 2 \end{pmatrix} = \begin{pmatrix} 1 & 4 \\ 3 & 4 \end{pmatrix}$$

一方

$$3\begin{pmatrix} 2 & 3 \\ 1 & 3 \end{pmatrix} = \begin{pmatrix} 1 & 4 \\ 3 & 4 \end{pmatrix}$$

以上から, $\begin{pmatrix} 2 & 3 \\ 1 & 3 \end{pmatrix}$ の逆元は自分自身であることがわかります.

他の元についても同様に調べることにより,

$$S_{3,5}{}^{-1} = S_{3,5}$$

であることがわかります.

なお,

$$\begin{pmatrix} 2 & 3 \\ 1 & 3 \end{pmatrix}\begin{pmatrix} 2 & 3 \\ 1 & 3 \end{pmatrix} = \begin{pmatrix} 2 & 0 \\ 0 & 2 \end{pmatrix}$$

で, $\begin{pmatrix} 2 & 0 \\ 0 & 2 \end{pmatrix}$ と $\begin{pmatrix} 1 & 0 \\ 0 & 1 \end{pmatrix}$ は同じ同値類に属しますから

$$\begin{pmatrix} 2 & 3 \\ 1 & 3 \end{pmatrix}^{-1} = \begin{pmatrix} 2 & 3 \\ 1 & 3 \end{pmatrix}$$

となります. この方法でも

$$S_{3,5}{}^{-1} = S_{3,5}$$

であることが確認できます.

引き続いて, $S_{5,7}$ を求めてみましょう.

$x^2 + y^2 + 1 = 0$ の F_7 での解として $(x, y) = (2, 3)$ を選びます. このとき,

$$\psi_7(a_0 + a_1 i + a_2 j + a_3 k) = \begin{pmatrix} a_0 + 2a_1 + 3a_3 & 3a_1 + a_2 + 2a_3 \\ -3a_1 - a_2 + 2a_3 & a_0 - 2a_1 - 3a_3 \end{pmatrix}$$

となります．

$$S_5 = \{1+2i,\ 1-2i,\ 1+2j,\ 1-2j,\ 1+2k,\ 1-2k\}$$

でしたから，$S_{3,5}$ の場合と同様にして，

$$S_{5,7} = \left\{\begin{pmatrix}5 & 1\\ 1 & 4\end{pmatrix}, \begin{pmatrix}4 & 6\\ 6 & 5\end{pmatrix}, \begin{pmatrix}1 & 2\\ 5 & 1\end{pmatrix}, \begin{pmatrix}1 & 5\\ 2 & 1\end{pmatrix}, \begin{pmatrix}0 & 4\\ 4 & 2\end{pmatrix}, \begin{pmatrix}2 & 3\\ 3 & 0\end{pmatrix}\right\}$$

になることがわかります．

次に $S_{5,7}{}^{-1}$ を求めてみます．

$$\begin{pmatrix}5 & 1\\ 1 & 4\end{pmatrix}\begin{pmatrix}4 & 6\\ 6 & 5\end{pmatrix} = \begin{pmatrix}5 & 0\\ 0 & 5\end{pmatrix},\ \begin{pmatrix}4 & 6\\ 6 & 5\end{pmatrix}\begin{pmatrix}5 & 1\\ 1 & 4\end{pmatrix} = \begin{pmatrix}5 & 0\\ 0 & 5\end{pmatrix}$$

なので，$\begin{pmatrix}5 & 2\\ 1 & 4\end{pmatrix}$ と $\begin{pmatrix}4 & 6\\ 6 & 5\end{pmatrix}$ は互いに逆元になっています．

$$\begin{pmatrix}1 & 2\\ 5 & 1\end{pmatrix} と \begin{pmatrix}1 & 5\\ 2 & 1\end{pmatrix},\ \begin{pmatrix}0 & 4\\ 4 & 2\end{pmatrix} と \begin{pmatrix}2 & 3\\ 3 & 0\end{pmatrix}$$

もそうです．よって，$S_{5,7}{}^{-1} = S_{5,7}$ であることがわかります．それらのことを4元数との関係でみれば，4元数 α とそれに共役な $\overline{\alpha}$ にそれぞれ対応する $S_{5,7}$ の元が互いに逆元になっています．

上記のことから，$a_i{}^0 = 0$ のときは，$S_{5,7}$ の任意の元を M とするとき，$M^{-1} = M$ で，$a_i{}^0 \neq 0$ のときは4元数 α に対応する $S_{5,7}$ の元を M，$\overline{\alpha}$ に対応する $S_{5,7}$ の元を $\overline{M}$ とすると，$M^{-1} = \overline{M}$ であることが容易に確認できます．したがって，一般に

$$S_{p,q}{}^{-1} = S_{p,q}$$

であることがわかります．

これで，$S_{p,q}$ は $\mathrm{PGL}_2(q)$ での対称的部分集合であることが示されたわけです．

$S_{p,q}$ のサイズ (元の個数) については次が成り立ちます．

命題 A.5. $q > 2\sqrt{p}$ ならば，$|S_{p,q}| = p+1$ である．

証明． $\alpha = a_0 + a_1 i + a_2 j + a_3 k,\ \beta = b_0 + b_1 i + b_2 j + b_3 k$ を S_p における異なる2元とする．このとき，$a_i \neq b_i$ となる $i \in \{0, 1, 2, 3\}$ が存在する．

$N(\alpha) = N(\beta) = p$ であるから，すべての $j \in \{0, 1, 2, 3\}$ に対して，
$$-\sqrt{p} < a_j, \ b_j < \sqrt{p}$$
が成り立つ．よって，
$$q > 2\sqrt{p} \ \text{ならば}, a_i \not\equiv b_i \pmod{q} \ \text{かつ} \tau_q(\alpha) \neq \tau_q(\beta)$$
である．

ここで，$A = (\psi_q \circ \tau_q)(\alpha)$, $B = (\psi_q \circ \tau_q)(\beta)$ とおくと，$GL_2(q)$ において，$A \neq B$ となる．

もし，$\varphi_A = \varphi_B$ とすると，φ は $GL_2(q)$ から $PGL_2(q)$ への写像であるから，$A = \lambda B$ $(\lambda \neq 1)$ となるような $\lambda \in F_q^*$ が存在する．ここで，$A = \lambda B$ の行列式をとると
$$p = \det A = \lambda^2 \det B = \lambda^2 p.$$
よって，$\lambda^2 = 1$. $\lambda \neq 1$ であるから，$\lambda = -1$.

このとき，$A = -B$ となるから，$\alpha \equiv -\beta \pmod{q}$, すなわち，すべての $j \in \{0, 1, 2, 3\}$ に対して，
$$a_j \equiv -b_j \pmod{q}.$$

$q > 2\sqrt{p}$ であるから，$a_j = -b_j$ となる．よって，$\alpha = -\beta$ でなくてはならない．

$a_0, b_0 \geqq 0$ であるから，$a_0 = b_0 = 0$ となり，$\beta = \overline{\alpha}$ となる．これは，S_p の定義に矛盾する．なぜなら，$\alpha \in S_p$ で，$a_0 = 0$ ならば $\overline{\alpha} \notin S_p$ であるから．

したがって，α, β が S_p の異なる元ならば，$q > 2\sqrt{p}$ のとき，それらに対応する $S_{p,q}$ の元も異なるから，$|S_p| = p + 1$ より，$|S_{p,q}| = p + 1$ である． □

A.5 グラフ $X^{p,q}$ の構成

最初に数論の世界でよく知られている記号と命題を準備します．

p は奇素数とします．
$$x^2 \equiv a \pmod{p}$$

が整数解を持つとき，a を法 p の**平方剰余**，持たないとき**平方非剰余**と言います．

$(a,p)=1$ のとき，a が p の平方剰余か平方非剰余であるかにしたがって，記号 $\left(\dfrac{a}{p}\right)$ の値を 1 または -1 で表します．これは**ルジャンドルの記号**と呼ばれています．

例えば，

$$\left(\frac{1}{11}\right)=1,\ \left(\frac{2}{11}\right)=-1,\ \left(\frac{3}{11}\right)=1$$

となります．

a が p に関する平方剰余であるかどうかを調べるのに便利な次の事実が知られています [2]．

定理 A.6. p は奇素数で，$(a,p)=1$ とする．このとき，a が p に関して平方剰余になるための必要十分条件は

$$a^{\frac{p-1}{2}}\equiv 1\pmod{p}$$

である．

この定理を用いて $\left(\dfrac{2}{11}\right)$ の符号を調べてみよう．

そのためには

$$2^{\frac{11-1}{2}}\equiv 1\pmod{11}$$

であるかどうかを調べればよいことになります．

$2^5=32$ なので

$$2^{\frac{11-1}{2}}\not\equiv 1\pmod{11}.$$

よって，$\left(\dfrac{2}{11}\right)=-1$ となり，2 は法 11 の平方非剰余であることがわかります．

それでは，グラフ $X^{p,q}$ の構成の話に入りましょう．

p,q は奇素数で $p<q$ であることに注意しましょう．

(I) $\left(\dfrac{p}{q}\right)=-1$ の場合．

$S_{p,q}$ の任意の元を M とすると，$\det M=p\ (\neq 1)$ より

$$S_{p,q}\subset \mathrm{PGL}_2(q)-\mathrm{PSL}_2(q).$$

A.5 グラフ $X^{p,q}$ の構成

また，$S_{p,q}$ は $PGL_2(q)$ を生成することが知られています [1, p.114]．さらに，$S_{p,q}$ はその構成の仕方から単位元を含みません．

そこで，グラフ $X^{p,q}$ を対称的な生成系 $S_{p,q}$ を持つ，$\mathbf{PGL_2(q)}$ のケーリーグラフとして定義します．すなわち

$$X^{p,q} = G(PGL_2(q), S_{p,q}).$$

グラフ $X^{p,q}$ の点集合は $PGL_2(q)$ に一致しますから

$$|V(X^{p,q})| = |PGL_2(q)| = q(q^2 - 1)$$

となります．

ここで，実際にグラフ $X^{3,5}$ を構成してみましょう．

$$|V(X^{3,5})| = |PGL_2(5)| = 5(5^2 - 1) = 120$$

ですから，グラフ $X^{3,5}$ の位数は 120 です．
$PGL_2(5)$ の任意の元を M とすると，

$$S_{3,5} = \left\{ \begin{pmatrix} 2 & 3 \\ 1 & 3 \end{pmatrix}, \begin{pmatrix} 2 & 2 \\ 4 & 3 \end{pmatrix}, \begin{pmatrix} 2 & 1 \\ b & 3 \end{pmatrix}, \begin{pmatrix} 2 & 4 \\ 2 & 3 \end{pmatrix} \right\}$$

ですから，M と隣接する点は

$$M \begin{pmatrix} 2 & 3 \\ 1 & 3 \end{pmatrix}, M \begin{pmatrix} 2 & 2 \\ 4 & 3 \end{pmatrix}, M \begin{pmatrix} 2 & 1 \\ 3 & 3 \end{pmatrix}, M \begin{pmatrix} 2 & 4 \\ 2 & 3 \end{pmatrix}$$

となり，$X^{3,5}$ は連結な 4-正則グラフであることがわかります．

次に，2 部グラフであることを示しましょう．

$$V_1 = PSL_2(5), \ V_2 = PGL_2(5) - V_1$$

とおくと

$$V(X^{3,5}) = V_1 \cup V_2 \quad (V_1 \cap V_2 = \phi)$$

となります．

$PSL_2(5)$ の任意の元を N とすると，$\det N = 1$．一方，$S_{3,5}$ の任意の元を S とすると $\det S = 3$ ですから，

$$\det NS = \det N \det S = 3$$

となります.このことは,$PSL_2(5)$ に属する元どうしは隣接しないことを示しています.

一般に,グラフ G の点 v の次数を $\deg v$ とし,サイズ (辺の本数) を q とすると,「$\sum_i \deg v_i = 2q$」が成り立ちますので,$X^{3,5}$ の辺の本数は「$120 \times 4 = 2q$」より 240 本となります.ところで,

$$|V_1| = |V_2| = |PSL_2(5)| = 60.$$

よって,V_1 から出ている辺の本数は $60 \times 4 = 240$.したがって,V_2 に属する元どうしも隣接していないことになります.以上から,グラフ $X^{3,5}$ は位数 120 の 4-正則な 2 部グラフであることがわかります.実際のグラフの図については文献 ([3], [4]) を参照して下さい.

全く同様にして,$q > 2\sqrt{p}$ のとき,グラフ $X^{p,q}$ は連結で 4-正則な 2 部グラフであることを示すことができます.念のため,そのことを示しておきましょう.

上記の例からわかるように $PSL_2(q)$ に属する元どうしは隣接することはありません.

$$V_1 = PSL_2(q),\ V_2 = PGL_2(q) - V_1$$

とおくと,$V(X^{p,q}) = V_1 \cup V_2$ $(V_1 \cap V_2 = \phi)$ であり,

$$|PSL_2(q)| = \frac{q(q^2-1)}{2},\ |PGL_2(q)| = q(q^2-1)$$

となります.よって,明らかに $|V_1| = |V_2|$ です.
命題 A.5 より,$|S_{p,q}| = p+1$ なので,グラフは $(p+1)$-正則であることがわかります.
また,グラフのサイズは $\frac{q(q^2-1)(p+1)}{2}$ で,V_1 から出ている辺の本数も $\frac{q(q^2-1)(p+1)}{2}$ なので,$X^{p,q}$ は連結で 4-正則な 2 部グラフであることがわかります.

(II) $\left(\frac{p}{q}\right) = 1$ の場合.

最初に,$S_{p,q} \subset PSL_2(q)$ であることを示します.

その前に,$p \in F_q^*$ に対し,$\frac{1}{p} \in F_q^*$ であることを示しておきましょう.

$1 = qx + 1 \pmod{q}$ と書くことができます.このとき,よく知られている定理「$(a,b) = 1$ のとき,$ax + by = 1$ を満たす整数が存在する.」より,q が奇素数なので,$qx + 1 = py$ を満たす整数 x, y が存在することから示されます.

$\left(\frac{p}{q}\right) = 1$ ですから,$x^2 \equiv p \pmod{q}$ を満たす整数が存在します.その 1 つを a と

A.5 グラフ $X^{p,q}$ の構成

すると, $\frac{1}{a} \in F_q^*$ になります. いま,

$$\psi_q(a_0 + a_1 i + a_2 j + a_3 k) = \begin{pmatrix} a_0 + a_1 x + a_3 y & -a_1 y + a_2 + a_3 x \\ -a_1 y - a_2 + a_3 x & a_0 - a_1 x - a_3 y \end{pmatrix}$$

の右辺の行列を M とおきます. このとき,

$$\det\left(\frac{1}{a}M\right) = \frac{1}{a^2}\det M = \frac{1}{a^2} \times p = \frac{1}{p} \times p = 1$$

となり, $M \in S_{p,q}$ のとき M と $\frac{1}{a}M$ は $PSL_2(q)$ において同じ同値類に属しますから, $S_{p,q} \subset PSL_2(q)$ であることがわかります. また, $S_{p,q}$ は $PSL_2(q)$ を生成することが知られています [1, p.114].

そこで, $\left(\frac{p}{q}\right) = 1$ の場合, グラフ $X^{p,q}$ を対称的な生成系 $S_{p,q}$ を持つ, $PSL_2(q)$ のケーリーグラフとして定義します. つまり,

$$X^{p,q} = G(PSL_2(q), S_{p,q}).$$

$q > 2\sqrt{p}$ のとき, $|V(X^{p,q})| = |PSL_2(q)| = \frac{q(q^2-1)}{2}$, $|S_{p,q}| = p+1$ なので, グラフ $X^{p,q}$ は位数 $\frac{q(q^2-1)}{2}$, サイズ $\frac{q(q^2-1)(p+1)}{4}$ の連結な $(p+1)$-正則グラフになります.

ここで, $\left(\frac{3}{11}\right) = 1$ なので, グラフ $X^{3,11}$ を構成してみましょう.

$$S_{3,11} = \left\{\begin{pmatrix} 4 & 10 \\ 8 & 7 \end{pmatrix}, \begin{pmatrix} 9 & 6 \\ 8 & 2 \end{pmatrix}, \begin{pmatrix} 4 & 8 \\ 10 & 7 \end{pmatrix}, \begin{pmatrix} 9 & 8 \\ 6 & 2 \end{pmatrix}\right\}$$

ですから, $V(X^{3,11})$ すなわち $PSL_2(11)$ の任意の元を M とすると, M に隣接する点は MS ($S \in S_{3,11}$) となります. グラフは位数 660, サイズ 1320 の連結な 4-正則グラフになります.

ところで「$q > 2\sqrt{p}$ のとき, グラフ $X^{p,q}$ はラマヌジャングラフになる」ことが知られていますので [1], 以上のようにして無限にラマヌジャングラフを構成することができます.

ラマヌジャングラフの性質や応用については別の機会にします.

参考文献

付章の作成にあたり, 下記の文献を参考にさせていただきました. 記して感謝いたします.

[1] G.Davidoff, P.Sanak, A.Valette, 『Elementary Number Theory, Group The-

ory, and Ramanujann Graphs』, London Mathematical Society, Student Texts 55, Cambridge University Press, 2010.

[2] 髙木貞治，『初等整数論講義 第2版』，共立出版，1977.

[3] 篠永小百合，ラマヌジャングラフの構成につて，三重大学教育学研究科修士論文，2013. (Internet,2017)

[4] 藤田友美，ラマヌジャングラフの構成につての考察，三重大学教育学研究科修士論文，2007. (Internet, 2017)

[5] J.H. コンウェイ・R.K. ガイ著，根上生也訳，『数の本』，シュプリンガー・フェアラーク東京，2002.

[6] 原田耕一郎，『群の発見』，岩波書店，2008.

[7] M. Morgenstern, Existence and explicit construction of q+1 regular Ramanujan graphs for prime power q, Journal of Combinatorial Theory, Series B 62, 44-62 (1994).

[8] N.L.Biggs, A.G.Boshier, Note on the girth of Ramanujan graphs, Journal of Combinatorial Theory, Series B49, 190-194 (1990).

文献に関するコメント：

　付章に関する内容についてさらに詳しく知りたい読者には文献 [1] がお薦めです．ただこの本は行間を埋めるのに苦労しますので，一人ではなく何人かで自主ゼミのような形で読むのが望ましいでしょう．ラマヌジャングラフの内周に関することなども詳しく論じられています．

[5] には 4 元数に関する易しい解説が，[6] には有限体上の特殊線形群や射影特殊線形群の解説が載っています．

あとがき

　最初に，この本を書こうと思った動機についての話をします．
　今から[注1]7～8年前のことになりますが，グラフの固有値に関する性質を文献[1]で調べているとき，偶然にラマヌジャンという名前が付けられているグラフの存在を知りました[p.68]．その定義はすぐに理解できましたが，それが具体的にどのようなグラフなのかは，そこに書かれている数行の説明では理解できませんでした．それではということで，大学の図書館でラマヌジャングラフに関する論文を2～3コピーして読もうとしましたがやはり理解できず，当面は自分の研究には関係ないことだからと自分に言い訳して，それらをしまい込んでしまいました．
　それから時は流れましたが，頭の片隅に残り気になっていましたので，3年前ぐらいにラマヌジャングラフをキチンと理解しようと思い立ち，文献[2], [3]を購入しました．「本」なのでどちらかを読めばすぐに理解できるのではないかと高をくくってページを開いたところ，あにはからんや，はねのけられてしまいました．というのは，[2]は有限体の知識などが前提として書かれている本で，[3]は一見読み易そうに見えましたが，定理の証明をフォローしようとすると，一筋縄ではいかない本であったからです．
　本腰を入れて2年ほどかけて学んで，ラマヌジャングラフを無限に構成できることの楽しさを知ったときの喜びは言葉で言い尽くせないくらいでした．
　そこで，「線形代数の素養は仮定しますが，それ以外の予備知識がなくても苦労することなくラマヌジャングラフの構成に行き着き，そして構成する楽しさを味わうことができるような分かりやすい本を」と思い立ったのが動機です．
　話は変わりますが，群・環・体を書くにあたって，芝浦ゼミ[注2]で約2年半にわたり元芝浦工業大学特任講師の清田秀憲氏から文献[4], [5]に基づいての話や資料，そのゼミで藤田亮介氏 (現 福井大学教授) からの分かりやすい別証やコメントなどが大いに役立っており感謝致しております．
　また，文献[3]の第3章の一般線形群・特殊線形群・射影特殊線形群の関する内容は清田氏からのご助力のおかげで理解することができました．この件に関しても清田

[注1] 2019年
[注2] 芝浦ゼミとは，芝浦工業大学大宮校舎の図書館のゼミ室を借りて行った月2回 (原則) の2013年から足かけ3年にわたる3人 (清田氏，藤田氏，自分) による自主ゼミ．

氏に心からお礼申しあげます．

　最後に，この本の出版にあたって応援してくれた，いつの間にか研究者の道を歩んでいる二人の息子 (典宏・政人) 達に，また，学問することに深い理解をしめし，狭い家にもかかわらず家の一番よいところに書斎を与えてくれる等の心遣いをしてくれている妻 (典子) に心から感謝し本書を捧げます．

文献

[1] D.Cvetković, P.Rowlinson and S.Simić,『An Introduction to the Theory of Graph Spectra』, Cambridge University Press, 2010.

[2] 平松豊一・知念宏司,『有限数学入門　有限上半平面とラマヌジャングラフ』, 牧野書店，2003.

[3] G.Davidoff, P.Sanak, A.Valette,『Elementary Number Theory, Group Theory, and Ramanujann Graphs』, London Mathematical Society, Student Texts 55, Cambridge University Press, 2010.

[4] 雪江明彦,『代数学 1　群論入門』, 日本評論社，2010.

[5] 雪江明彦,『代数学 2　環と体とガロア理論』日本評論社，2013.

索　引

■あ行

アーベル　*76*
アーベル群　*27*

位数
　　グラフの——　*3*
　　群の——　*27*
　　群の元の——　*58*
一般線形群　*163*
イデアル　*99*
　　極大——　*102*
　　自明な——　*100*
　　真の——　*100*
　　素——　*102*
　　単項——　*101*
因子　*105*
因数定理　*98*

n を法として合同　*52*
演算　*25*

■か行

ガウス整数環　*92*
可解群　*75*
可換　*26*

可換環　*91*
可換群　*27*
可換体　*92*
可逆元　*92*
核　*82, 111*
拡大体　*114*
加群（加法群）　*27*
可約　*108*
ガロア　*76*
環　*91*
完全グラフ　*3*
完全正規直交系　*143*
完全代表系　*50*
完全2部グラフ　*4*

既約　*108*
奇置換　*47*
逆元　*26*
既約多項式　*108*
逆置換　*43*
共役　*61, 162*
共役な部分群　*67*
共役類　*61*
偶置換　*47*
クラインの4元群　*29*
グラフ　*1*
群　*26*
群の公理　*26*

k-正則グラフ　3
ケーリーグラフ　127
元　23
原始元　124
原始根　124
原始多項式　124

弧　7
交換子　72
交換子群　73
交代群　48
恒等置換　43
公約数　105
互換　46
固有関数　143
固有多項式（特性多項式）　11
固有値
　　グラフの——　11
　　自明な——　18
　　非自明な——　18
　　隣接作用素——　143
根　108

■さ行

サイクル　5
最小多項式　108
サイズ　3
最大公約数　105
差グラフ　129

自己同型群　89
自己同型写像　88
指数　55

次数　3
自然な準同型写像　79, 120
始点　7
指標　136
　　単位——　136
　　非自明な——　136
指標群　136
射影特殊線形群　164
斜体　92
終点　7
巡回群　40
巡回置換　46
巡回部分群　40
準同型　79
準同型写像
　　環の——　93
　　群の——　79
　　体の——　93
準同型定理
　　環の——　112
　　群の——　83
乗積表　38
剰余環　101
剰余群（商群）　71
剰余類　53
　　右——　54
　　左——　54

スペクトル（スペクトラム）　13

整域　94
正規化群　78
正規部分群（不変部分群）　63
整4元数　165
整数環　92
生成系　119

生成元　40, 119
正則グラフ　3
成分　6
積　25
接続している　2
線形空間　141

素体　121

■た行

体　92
対称群　46
対称的　127
対称的部分集合　133
代数拡大　117
代数的　117
代表元　50
互いに素　105
多項式　95
多項式環　96
多重グラフ　2
単位元　26
単拡大（単純拡大）　118
単元　92
単純グラフ　3
単数　166
単点グラフ　3
置換　43
置換群　46
中心　62
中心化群　62
直交　143
直積　25

点（頂点）　1
点空間　141
点集合（頂点集合）　1
同型
　　環の——　93
　　群の——　81
　　体の——　93
同型写像
　　環の——　93
　　群の——　81
　　体の——　93
同型定理
　　第1——　86
　　第2——　87
同値である　51
同値関係　51
同値類　52
同伴　166
特殊線形群　163
閉じている　25
トレース　132

■な行

内積　142
2項演算　25
2部グラフ　4
ノルム　132

■は行

倍数　105

非可換群　*27*
(p, q)-グラフ　*3*
標準基底　*142*
標数　*121*
非連結グラフ　*6*

部集合　*4*
部分環　*92*
部分群　*35*
　　　自明な——　*36*
　　　真——　*36*
部分体　*93*

平方剰余　*174*
平方非剰余　*174*
閉路　*5*
辺　*1*
辺集合　*1*
変数（不定元）　*95*

星グラフ　*4*
歩道　*5*

■ま行

道　*5*

無限群　*27*

モニック　*105*

■や行

約数　*105*
有限群　*27*
有限体　*121*
有向グラフ（ダイグラフ）　*7*
有理式　*117*

要素　*23*

■ら行

ラグランジュの定理　*58*
ラマヌジャングラフ　*18*

隣接行列　*8*
隣接作用素　*143*
隣接している　*2*

類別　*49*
ループ　*2*
ルジャンドルの記号　*174*

零因子　*94*
連結グラフ　*6*
連結している　*6*
連結成分　*6*

■わ行

和　*27*

●著者略歴

仁平 政一（にへい まさかず）

1943年茨城県生まれ
千葉大学卒，立教大学大学院理学研究科修士課程数学専攻修了．
現在：大人のための数学教室「和」講師（前 茨城大学工学部・芝浦工業大学工学部非常勤講師）．

主な著書等：
- 『グラフ理論序説』（共著，プレアデス出版）
- 『もっと知りたい やさしい線形代数の応用』（現代数学社）
- 『基礎からやさしく学ぶ 理工系・情報科学系のための線形代数』（現代数学社）
- Ars Combinatoria 等の専門誌や Mathematical Gazette 等の数学教育関係のジャーナルに論文多数．

日本数学教育学会より『算数・数学の研究ならびに推進の功績』で85周年記念表彰を受ける．
所属学会：日本数学会，日本数学教育学会．
研究分野：グラフ理論，数学教育．

ラマヌジャングラフへの招待
―群・環・体からラマヌジャングラフへ―

2019年12月27日 第1版第1刷発行

著 者	仁平 政一
発行者	麻畑 仁

発行所 　(有)プレアデス出版
〒399-8301 長野県安曇野市穂高有明7345-187
TEL 0263-31-5023　FAX 0263-31-5024
http://www.pleiades-publishing.co.jp

装 丁	松岡 徹
印刷所	亜細亜印刷株式会社
製本所	株式会社渋谷文泉閣

落丁・乱丁本はお取り替えいたします．定価はカバーに表示してあります．
ISBN978-4-903814-96-4　C3041
Printed in Japan